自然秘境大图鉴

昆虫王国

[意] 弗朗切斯科·托马西内利 / 著
[越] 尤缅奥卡奥利 / 绘 申倩 / 译

中国出版集团 现代出版社

目录

6 前言

一片充满昆虫的森林　8

什么是昆虫　10

昆虫的亲戚有哪些　12

昆虫的一生　14

昆虫眼中的世界　18

22 植食性昆虫
不停吃喝的一生

蝗虫　24

蝗虫来了　26

蚤斯　28

树中的生活　30

花朵和传粉者　34

蜜蜂社群　36

黏土城堡　38

清道夫　40

42 捕食者
为生存而捕猎

团结就是力量　44

一支向前的军团　46

绿色王国　48

培育蚂蚁　50

普通黄胡蜂和欧洲胡蜂　52

就像在演恐怖电影　54

织布大师　58

巨大的蜘蛛网　60

伏击冠军　62

亚马孙·巨人捕鸟蛛——蜘蛛世界的巨人　64

我独特的生活方式　66

蝎子——毒刺和两把大钳子　68

带毒者　70

行动陷阱　72

咬下最有力的一口　74

刺吸式口器　78

外形以外　80

行为和适应 82
联盟生活

雄性和雌性，谁大谁小 84
在爱情中，一切都值得 86
昆虫音乐家 90

发光 92
能为孩子做些什么 94
昆虫的飞行 96
千色翅膀 100

在夜空中交战 102
夜之女王 104
毛毛虫的世界 106

昆虫世界的直升机 108
蜻蜓和豆娘 110
多样性之王 112
身穿盔甲的甲虫 116
伪装技巧 118
走路的叶子 120
伪装成树枝或树皮 124
假装与众不同 126

为了生存而吸引目光 128
被模仿者和模仿者 130
危险的颜色 132

眼朝敌人 134
模仿蚂蚁 136
应急预案 138

140
昆虫有什么用？

益虫和害虫 142
入侵昆虫 144
昆虫学家 146

尺寸和图标

这些符号将帮你轻松理解各种昆虫的平均长度。通过观察对比物品的尺寸，你就能想象出昆虫的大小了。举例来说，标记为半根彩色铅笔长度的昆虫大约长为50毫米，而标记为鞋子2/3长度的昆虫约为200毫米。

300毫米

100毫米

前言

昆虫和它的小伙伴们在这个星球上的每一个角落几乎都存在。在温暖潮湿、全年炎热高温的热带雨林中,它们的密度最高,因为这里有着最理想的繁衍条件。而在干旱的沙漠中和严寒的山顶上,也能找到昆虫的踪迹。为了适应恶劣的环境,它们演化出了非凡的适应能力。只有在人类足迹密集并采用化学毒物控制的情况下,昆虫种群才会受到严重的威胁。

如何对昆虫进行分类?

昆虫和其他无脊椎动物的分类非常复杂,就算是昆虫专家也常会被难倒。因此我们会着重向小读者介绍昆虫的生活、爱吃的食物以及生存竞争的技巧等。你一定会对它们的形态和行为发出惊叹的!

这是什么物种？

假设两只昆虫可以自然交配并产生后代，也就是说它们能够自然繁衍，那么这两只昆虫就属于同一物种。按照惯例，每个物种的学名在本书中都用斜体字。学名一般由两个拉丁单词构成：第一个词为属名，指较大类的相似物种群体，第二个词为种加词。例如欧洲深山锹甲的拉丁学名为 *Lucanus cervus*。

昆虫的俗名和学名

昆虫的种类实在太多了，要为每种昆虫都起名字就太过复杂。本书使用的通用名称都是容易被记住的，但它们只是指示性的名字，并不能精确地描述一个物种。因此，昆虫专家和爱好者们会经常使用它们的科学名称，即学名。举个例子，前面提到的欧洲深山锹甲的拉丁学名为 *Lucanus cervus*，这个学名在世界范围内通用并被认可，而且只用来标注此种昆虫。有时你会发现拉丁学名中的属名后写着"sp."，这表示该物种的定义还不够精确，因此只给出了更一般的标识。

一片充满昆虫的森林

南美洲的亚马孙丛林是地球上物种最丰富的地区之一,这里生活着包括美洲豹在内的很多大型哺乳动物,还有数百种鸟类、蛇、青蛙和蜥蜴。但这里真正的主角是昆虫和蜘蛛——其中每一大类生物的数量都数以万计。在这样的热带雨林中,昆虫们实现了形态、颜色和行为的最大多样性,并演化出很多千奇百怪的生存技巧。

p. 66

什么是昆虫

昆虫是世界上最令人惊讶的动物，它们都有着共同特征：长着6条腿（它们的幼虫有的看似没有那么多腿，有的看起来腿更多，我们在后面会详细讲述原因）、成虫都有翅膀（有些情况下翅膀可能不可见，但都是存在的）。它们的身体分为3个部分：带触角的头部、带足和翅膀的胸部、包含许多重要器官的腹部。此外，它们不像人一样有着内部骨骼，而是会依靠几丁质构成的甲胄式外壳支撑起身体。

许多甲虫都有着令人印象深刻的上颚，但它们的上颚并不只用于进食，有时还会用于面对情敌。

中华扁锹甲也有翅膀，它们的身体被两片硬壳所覆盖，每次使用翅膀时，就会紧贴身体。

1. 中华扁锹甲（*Dorcus titanus*）
体长：120 毫米　原产地：亚洲

1
120 毫米

甲虫和蝴蝶的外貌截然不同，但它们都是昆虫！

黑脉金斑蝶的头上长着大眼睛，这在飞行和寻找花朵时是必不可少的。

2 🖉 100 毫米

蝴蝶的翅膀张开时我们就看不见它们的6条腿了，这是因为在飞行过程中，它们的腿会一直贴着身体以便能更敏捷地活动。

2. 黑脉金斑蝶（*Danaus plexippus*）
体长：翅展 100 毫米　　原产地：北美洲和中美洲

昆虫的亲戚有哪些

我们认识许多长相奇怪的动物,它们是昆虫的近亲,但并不属于昆虫类,比如蜘蛛、蝎子、蜈蚣和螃蟹。和昆虫一样,它们都属于一个巨大的种群,即节肢动物类,节肢动物的意思是"腿部有许多关节的动物"。它们的身体也被甲壳覆盖着,其中有多个部分和数量可变的腿与触角。生物学家描述的10种动物中,有9种都是节肢动物——它们是地球生命的主要参与者!

> 蜘蛛最前面的两个小前肢被称为螯肢,不计入8条腿之内。

3. 叶金蛛（*Argiope lobata*）

蜘蛛有8条腿,它们的身体有两个部分:头胸部和腹部。它们属于蛛形纲,是昆虫重要的敌人。这种强大的捕食者发明了各种手段来诱惑和捕猎昆虫。

体长:20毫米　**原产地**:欧洲

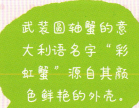

> 武装圆轴蟹的意大利语名字"彩虹蟹"源自其颜色鲜艳的外壳。

4. 武装圆轴蟹（*Cardisoma Armatum*）

螃蟹和大虾都会令人联想到蝎子,但它们其实并没有毒,而且食谱更广。它们在海洋中分布极广,有些种类也生活在陆地上和丛林中,只有在产卵时才会回到河流或海洋中。

体长:甲壳宽度为100毫米　**原产地**:非洲

5. 地中海黄蝎（*Buthus occitanus*）

和蜘蛛一样，蝎子也是节肢动物。它的前面有一对用来抓捕猎物的钳子，被称为螯肢，而"尾巴"则被称为毒刺，上面有着带毒的螯刺。蝎子也是昆虫捕猎者中的一员，但它们的种类数量比蜘蛛少。

体长：100 毫米　原产地：欧洲和非洲

> 与身体的其他部位相比，毒性最强的蝎子尾巴非常大，钳子则相对较小。

> 蜈蚣的触角很细，由很多小元素组成，不要把它的触角和最后一对足弄混哦！

6. 少棘蜈蚣（*Scolopendra subspinipes*）

被称为百足虫的蜈蚣并非真的有 100 条腿，它们只有 40 多条。和其他小动物相比，这些腿用来捕食昆虫已经绰绰有余了。第一对足已经演变为带毒腺的毒钩。

体长：250 毫米　原产地：亚洲

> 马陆的每条腿都彼此独立，相邻的腿之间可以协调地移动。

7. 非洲巨人马陆（*Archispirostreptus sp.*）

被称为千足虫的马陆也没有 1000 条腿，最多只有 750 条，但这也够多了！它们的身体包裹着环状的体节，以植物为食。

体长：200 毫米　原产地：非洲

昆虫的一生

昆虫的生命周期非常特殊，它们以幼体的形式从卵中出生，幼体的形态和行为大多与成虫完全不同。毛毛虫和蝴蝶便是一个例子。昆虫的幼体会不停地吃东西，成熟后就变成蛹，接下来会进行一个重要的变化，我们称之为"变态"。经历"变态"后从蛹里出来的成虫，形态与行为就和幼体大相径庭了。但有一些物种，例如蝗虫，这种变化就不太明显，幼体的形态与成虫相似；而还有一些昆虫，如蜻蜓，则没有成蛹化蝶的阶段。

每种昆虫都有自己的发育方式。那些我们熟悉的昆虫——蚂蚁、蜜蜂、苍蝇、甲虫和蝴蝶等都有一个完整的"变态"发育过程。

毛毛虫在成蛹前要进食3~4个月。

在蛹挂在树枝上这1个月左右的时间中，毛毛虫会发生令人难以置信的变化，最终会羽化成蝶。

蝴蝶张开了翅膀，开始了它的第一次飞行。成年蝴蝶只能存活几周。

8. 金凤蝶（*Papilio machaon*）

和甲虫一样，从卵到蝴蝶的过程中金凤蝶会经历幼虫期，即毛毛虫阶段，这时候它的外形与成虫完全不同。幼虫期之后的状态是蛹，幼虫将被包裹在小帐篷似的蛹内进行发育，最终完成到成虫的转变。当它变为成虫后就会停止生长。成虫的生存期跟幼虫期相比会短很多，这个阶段最重要的目的就是繁衍后代。

体长：翅展80毫米　**原产地**：欧洲

10. 沙漠蝗虫（*Schistocerca gregaria*）

沙漠蝗虫会经历一系列连续的阶段，身体越变越大。由于包裹它们身体的外壳无法再扩展变大，所以它们会蜕壳，并趁新外壳没变硬前赶快长大。在这个过程中，它们每次都能长大 1/3。沙漠蝗虫的若虫不具备飞行能力，而这种技能却是成虫的典型特征。

体长：60 毫米　**原产地**：非洲

11. 蜉蝣（*Ephemera sp.*）

蜉蝣是一种成虫时期生命极短的昆虫，在古希腊语中，蜉蝣的单词意为"很短"。它的幼虫生长在河流中，经过"变态"后被称为小飞虫，模样介于苍蝇和蜻蜓之间。蜉蝣的成虫只能活很短的时间，它会在这短暂的时间里找到伴侣并产下卵。

体长：10 毫米　　**原产地**：欧洲和亚洲

★ **记录！** 蜉蝣是成虫生命最短的昆虫，某些种类存活的时间都不到 1 个小时。

> 蜉蝣的稚虫会在河流中生活数月，并以小昆虫为食。

> 蜉蝣一旦变为成虫，就会完全停止进食，只能活几个小时或 1 天。

> 为了长大，蜘蛛会头朝下倒挂着以便蜕皮，而蜕掉的皮会悬在一根蛛丝上。

12. 蕉络新妇（*Nephila clavipes*）

同其他节肢动物一样，蜘蛛在成长的过程中也会蜕皮。在这个复杂的过程中，蜕掉的皮会附在植物上，常被误认为是死蜘蛛，其实那只是被它抛弃的"旧衣服"罢了。蜕皮时对蜘蛛来说是非常危险的，因为没有了外壳的保护，它无法进行自卫。

体长：40 毫米
原产地：北美洲和南美洲

昆虫眼中的世界

像蜜蜂这样的授粉昆虫，感知和看到的花田和我们人类所看到的是不一样的。这些动物还可以感受到紫外线，这样它们可以获得花朵更多的信息。

我们眼中的花田。

蜜蜂眼中看到的同一片花田，被分成了许多像素，颜色显示也不同。

13. 帝王伟蜓（*Anax imperator*）

蜻蜓有一对大大的复眼，每个复眼由上万个小眼组成。蜻蜓是昆虫中视觉最为灵敏的动物，景物在它们眼中形成的图像就像是一台有着许多像素的广角弧形电视屏。

体长：80 毫米　**原产地**：欧洲和亚洲

复眼共同形成了类似我们眼睛看到的图像，但精度略差。

复眼内每个小眼彼此独立，一只蜻蜓可以有6万个小眼。

单个眼睛的内部焦距是固定的，因此昆虫只能看清距离它们很近的物体。

虻短而尖的口器位于头部的下方。

14. 虻（*Tabanus sp.*）

虻是以哺乳动物的血液为食的蝇类亲属，具备良好的视力。它的大眼睛呈虹彩色，从不同的角度看还会变换颜色。

体长：20 毫米　**原产地**：欧洲、非洲和亚洲

⭐ 记录！许多虻的眼睛都很引人注目，比其他昆虫的眼睛更美丽。

沙蟹的眼睛位于身体顶部，以便它从上往下俯视海滩。

15. 黑斑蝇狼（*Philaeus chrysops*）

大部分蜘蛛的视力都不太好，但黑斑蝇狼是个例外。这种小型蜘蛛会依靠视力来寻找猎物，它们可以像猫科动物那样偷偷地靠近猎物并将其捕获。它们还能感知到猎物的颜色并在短距离内识别其轮廓（几十厘米）。

体长：10 毫米　**原产地：**欧洲

图中的蜘蛛为雄性，其鲜艳的体色可以用于吸引雌性。

16. 沙蟹（*Ocypodes sp.*）

这种甲壳类动物生活在热带地区的沙滩上，它在遇到威胁后会瞬间消失在沙滩上。因为这种神出鬼没的行为，人们也称它为"鬼蟹"。它能够做出如此迅速的反应得益于非常灵敏的眼睛，它们的眼睛不仅有与昆虫的眼睛有类似的功能，还能更好地感知运动和细节。它们的眼睛一直竖得高高的，很像人类的潜望镜，可以保证把近乎360度的视野尽收眼底。

体长：甲壳宽度为 100 毫米　**原产地：**非洲

植食性昆虫
不停吃喝的一生

很多昆虫都以植物为食。由于植物相对于动物来说，营养含量较低，所以这类昆虫一生中的大部分时间都花在了吃上。它们有着强大的下颚和口器，用于吃掉富含汁水的食物，例如树叶、草叶、果实和花蜜。这些植食性昆虫每天都会消耗相当于它们自身一半体重的植物，如此大的食量自然会对植被造成严重的损害。

艳丽的颜色表明其肉质中含有对其他动物有害的毒素。

1. 灯蛾科（Arctiidae）

灯蛾科的毛毛虫从卵中诞生后会立刻开始吞食叶子。它们这一生中唯一的梦想便是增加体重，然后作蛹，最终羽化成蛾。

体长：幼虫60毫米
原产地：北美洲

> 身上的长绒毛可以保护这些飞虫免受寒冷的侵袭。

2. 大蜂虻（*Bombylius major*）

这种苍蝇的远亲可以在吃东西时半悬在空中，用专门的口器来吸食花蜜。

体长： 8毫米　**原产地：** 欧洲

3. 宽碧蝽（*Palomena viridissima*）

许多种类的宽碧蝽都是将植物含有的化学物质集中在自身特殊的腺体内加以挥发，以散发出令人生厌的气味。这些昆虫以果实为食，当它们数量众多时，散发的难闻味道也会破坏果实的味道。

体长： 15毫米　**原产地：** 欧洲

> 榛象的幼虫在一颗完整的榛果内发育着。

> 宽碧蝽会使用类似于硬质吸管的口器来吸取植物和果实中的汁液。

4. 榛象（*Curculio nucum*）

这种甲虫看似极长的"鼻子"实际上是它的嘴，在木头和果实中专门用来挖洞。

体长： 10毫米　**原产地：** 欧洲

蝗虫

即使蝗虫看起来样子都很相似，都有着适合跳跃的强壮后腿，但蟋蟀和蝗虫其实是同属于直翅目，不属于同科的昆虫。蝗虫和蟋蟀相比，触角较短，以植物为食，它们啃食时会十分用力，充满了激情。

为了躲藏得更隐蔽，剑角蝗属可以将身体贴在所在的草梗上。

5. 剑角蝗属（*Acrida sp.*）

这类昆虫细长的身体形状非常像一根小树枝。它削尖似的头部看起来不太像昆虫，但只要注意到它那适合跳跃的强壮后腿，就能立刻认出它来。

体长：80 毫米　**原产地：**非洲

同其他剑角蝗不同，高山秃蝗是不带翅膀的。

6　30毫米

6. 高山秃蝗（*Podisma padestris*）

在海拔较高的地方，天气寒冷、大风频发，这时昆虫翅膀的用处就很小了。所以很多栖息在高山上的昆虫都没有翅膀。事实证明，靠近被太阳照暖的岩石很有用，同时还能在阳光下依靠跳跃来逃跑。

体长： 30毫米　　**原产地：** 欧洲

从不完整的翅膀可以看出，图中是一只沙漠飞蝗的若虫。

7　60毫米

7. 沙漠蝗（*Schistocerca gregaria*）

沙漠蝗是东亚飞蝗的近亲，只吃植物，胃口很大，永远吃不饱。从人类有耕种历史起，就不得不一直与它以及其他蝗虫种类做斗争。在《圣经》和《古兰经》这两种古老的宗教经典中，就记载了这些害虫造成的危害。

体长： 60毫米　　**原产地：** 非洲

蝗虫来了

在理想的条件下（小雨，然后是高温天气并有充足的食物），东亚飞蝗的数量会极速增长，形成数以百万计的巨大蝗虫群。

★ 记录！蝗虫可以形成最大的昆虫群，数十亿的个体会聚集在几十平方公里的地方，并且还会继续扩展。

成虫的体长为60毫米,擅长飞行和跳跃。

蝗虫不断地移动、飞行并吞噬着它们遇到的所有植物,严重损害了农民的庄稼。

螽斯

一些种类的螽斯不光食草，还会吃动物的尸体，它们强有力的上颚几乎能切碎一切东西。只有少数种类的螽斯是类似于螳螂的掠食者。雌性蟋蟀有着长剑状的排卵器，用于将卵埋在地下，另外它还有着长而细的触角。这都是蝗虫所不具备的。

许多螽斯都长成这样。绿丛螽是欧洲最大、分布最广的种类。

8. 绿丛螽（*Tettigonia viridissima*）

绿丛螽腹部的末端有着看起来很危险的尖刺，其实这是雌性的产卵器，可以帮助雌性蟋蟀将卵注入到土壤深处。

体长：60 毫米　**原产地**：欧洲

9. 孤雌亚螽（*Saga pedo*）

并非所有的蟋蟀都是食草动物，像孤雌亚螽这类蟋蟀就不是。它们可以用长满刺的腿来抓捕其他昆虫并吃掉它们，和螳螂一样。孤雌亚螽是体积最大的昆虫之一，但它们并不常见。

体长：100 毫米　**原产地**：欧洲

孤雌亚螽在春季时比其他种类的螽斯更早出生，并且长得很大，这有助于它们更轻松地抓捕猎物。

当昆虫做强有力的踢腿动作时,后腿上的刺能起到防卫的作用。

10. 巨沙螽（*Deinacrida sp.*）

虽然巨沙螽的外貌看起来丑陋凶恶,腿上还长着刺,但这种巨型蟋蟀只是会用强大的下颚啃食植物。对于人类来说完全没有危害,它们压根儿不会咬人。

体长： 100 毫米　**原产地：** 大洋洲

11. 欧洲蝼蛄（*Gryllotalpa gryllotalpa*）

没有昆虫能比欧洲蝼蛄更擅长挖掘和寻找美味的块茎与根了。这要归功于它的前腿——比其他昆虫的前腿更大更强壮,可以像铲子一样在地面上横向移动和挖掘。

体长： 40 毫米　**原产地：** 欧洲和亚洲

★ **记录！** 这是世界上最好的昆虫挖掘机,它的前腿强壮而有力。

在春天的夜晚,雄性欧洲蝼蛄会离开地下巢穴,前往地面进行歌唱。它们会持续发出令人愉悦的颤音,以吸引雌性。

树中的生活

死树或垂死的树木是许多昆虫幼虫成长的理想场所,这个场所尤其受到甲虫的喜爱。幼虫会用强壮的口器来挖植物,在很多时候,需要数年的时间它们才能发育为成虫。如果树木处于垂死状态,这些昆虫会强烈地破坏树木,直到树木死亡。

雄性天牛长长的触角用于在森林中寻找雌性。

12. 天牛（*Cerambyx cerdo*）

天牛长着很长的触角,颇为壮观,许多大型天牛的幼虫会在树木里度过数年,然后才会化蛹并成熟。天牛成虫的生命只有几周,以吸食植物的汁液为生。

体长: 60 毫米 **原产地:** 欧洲

60 毫米

天牛的幼虫体长可达 10 厘米。它们柔软的身体完全没有任何防御能力,只能依靠藏身的树木树皮来保护自己。

> 大树蜂的产卵器仅仅用于产卵，不会用来刺人，对人没有危害。

13. 大树蜂（*Urocerus gigas*）

这种树蜂和胡蜂一样，都会使用一个类似于尖锐针头的产卵器将卵产在树木的木质中。它的幼虫在此出生并钻蛀啃食，成虫则以花蜜为食。

体长：40 毫米
原产地：欧洲和亚洲

14. 云杉齿小蠹（*Ips typographus*）

我们有时观察死树的树皮时，会看到一些奇怪的图案，那是由云杉齿小蠹的幼虫啃食造成的坑道。雌性成虫会将一批卵下在树干内，出生后的幼虫会往不同的方向掘坑道，像是在木头上画出一个奇怪的浅浮雕。

体长：5 毫米　**原产地**：欧洲和亚洲

> 要想察看这类甲虫留下的痕迹，可以从老树或垂死的树木中寻找，它们总是存在于温带森林中。

> 足上的微小细毛可以增加它在光滑叶子上的抓力。

15 毕氏茎甲（*Sagra buqueti*）

这种植食性甲虫的雄性呈虹彩色，后足非常粗壮，它的名字便来源于此。不过这对足并非如人们想象的那样会用于跳跃，而是会用来挑战雄性对手。它们会把后足扬在空中进行示威，但如果两个竞争者都不退缩，那就只能来场身体对抗赛了。谁设法踢掉对手或用后腿刺痛对手的腹部，使它失去平衡从树枝上掉下去，谁就获胜。

体长：50 毫米　**原产地**：亚洲

50 毫米

花朵和传粉者

从恐龙出现在地球上的那一刻起，有花的植物与昆虫就一直保持着密切的关系。植物用充满花蜜的花朵吸引着蜜蜂、苍蝇以及蝴蝶等昆虫，而昆虫们得到食物的同时身上也沾满了花粉，然后这些昆虫会将花粉授粉于另一株同种植物。

> 这种蛾子是优秀的飞行者，它不仅能够在空中保持静止，还能以超过40千米/小时的速度飞行。有时候它们会被误认为是蜂鸟。

16. 马岛长喙天蛾（*Xanthopan morganii*）

在看到这种白色的兰花把花蜜藏在花的深处后，著名科学家、进化论之父查尔斯·达尔文想到应该存在一种有着极长喙管的蝴蝶，可以用喙管采食白兰花的花蜜。实际上这种昆虫确实存在，不过是在达尔文去世后才被发现的。这是一个罕见的物种存在猜测成功的案例。

体长： 翅展 120 毫米　**原产地：** 非洲

★ **记录！** 这种天蛾的口器与身体的比例是世界之最。

17. 红尾熊蜂（*Bombus lapidarius*）

一些兰花会欺骗授粉昆虫，它的花朵会长成雌蜂的模样以吸引一些种类的雄性蜜蜂和红尾熊蜂前来。在雄蜂寻找雌蜂过程中，兰花就完成了授粉，而雄蜂们却什么都没得到，真可谓是一场彻头彻尾的骗局。

体长： 10 毫米　**原产地：** 欧洲

★ **记录！** 熊蜂是绒毛最多的昆虫之一。又厚又密的绒毛可以帮助它们抵御寒冷。

> 同蜜蜂一样，熊蜂也会蜇人。它的毒刺位于腹部的末端，隐藏在绒毛之间。

18. 细腹食蚜蝇（*Sphaerophoria sp.*）

这种小蝇可谓是飞行冠军。它们每秒拍打翅膀的次数超过 100 次，可以在空中悬停，或突然加速飞行。它们总在花间移动，以寻找花蜜。

体长：80 毫米　　**原产地**：欧洲和亚洲

> 细腹食蚜蝇会模仿胡蜂和蜜蜂，以保护自己免受鸟类的袭击。

19. 小红蛱蝶（*Vanessa cardui*）

蝴蝶是花的主要传粉者，在美丽的晴天，它们会用长长的口器来吸食花蜜。一只蝴蝶一天可以访问 100 多朵花。

体长：翅展 80 毫米　　**原产地**：欧洲和亚洲

20 斑花天牛（*Rutpela maculata*）

许多种类的甲虫都以吸食花蜜为生。它们是昼行昆虫，体形不会过大，但擅长飞行。这有助于它们不断地从一棵植物转移到另一棵植物上。这是因为虽然花蜜营养丰富，但每一朵花上花蜜的量并不多。

体长：40 毫米　　**原产地**：欧洲

> 黄黑相间的身体花纹会令人想起胡蜂，这是一种能保护自己免受掠食者袭击的保护色。这种花纹会让捕食者误认为它很危险，但实际上它是无害的。

> 这种蝴蝶是优秀的飞行者，能够在北非和欧洲间进行迁徙。

蜜蜂社群

蜜蜂创造了动物中现存最复杂、最迷人的社群之一，它们被称为社会性昆虫。每个蜂巢内只有一只蜂王，负责不断地产卵，繁衍着相互合作、不停劳作的工蜂。当工蜂长大后，蜂王和工蜂就会继续交配以产出新的卵。蜜蜂会把花中的花蜜和花粉酿造成蜂蜜，喂养工蜂和幼虫。千百年来蜂蜜一直被人类当作食品和甜味剂，这也是为什么蜜蜂是人类养殖最广泛、经济价值最高的昆虫。

21 西方蜜蜂（*Apis mellifera*）

在西方蜜蜂的一生中，每只工蜂都有着一系列明确的职能。它们一开始要负责巢穴的清洁和维护，几周后就转到外勤，负责采集花粉花蜜。工蜂会消耗掉部分采集的食物，然后把剩余的部分带回蜂巢。它的最后一条腿上有个特殊的篮子，可用于储藏花粉。

体长：8毫米　**原产地**：全球

⭐ **记录！** 最有用的昆虫——蜜蜂和其他花虫至少帮助了1/3的庄稼和果树授粉。

8毫米

> 为了保卫蜂巢，蜜蜂会蜇人或者动物，并将锯齿状的刺留在攻击者的皮肤上。

这些六角形的蜡结构便是蜂窝，由工蜂建造供幼虫居住。

蜜蜂的舞蹈

蜜蜂是如何向同伴传达"这里有鲜花""这里有食物"这类位置信息的呢？它们可以采用惊人的方式，即被称为"蜜蜂舞蹈"的方式去实现。它们可以通过用触角散发蜜源地气味的方式发出视觉和嗅觉信号，实现沟通。如果蜜源地就在附近，距离蜂巢约 50 米以内，蜜蜂就会在蜂窝表面跳简单的圆舞蹈。如果蜜源地较远，蜜蜂则会换一种舞蹈，用腹部的停顿和摆动动作画出一个"8"字。其他蜜蜂可以从跳舞者画"8"字的次数和腹部的运动频率中得知蜜源地的距离，距离越近，腹部扭动的频率就越高。

蜜蜂的珍宝：蜂蜜

蜂蜜成为人类食物的历史可以追溯到久远的过去。5000 年前，古埃及人已掌握养蜂技术，后来希腊人和罗马人又进一步将之继承和发扬。人们养蜂不仅是为了采集蜂蜜，也是为了获取蜂蜡（用于建造蜂窝的物质），将之用于封印信函或作为制作软膏和香脂的基础材料。与过去相比，今天的养蜂方式并没有太大的改变，养蜂人提供了量身定制的人造蜂房，剩下的大部分工作就留给蜜蜂了。

为了防止被蜜蜂蜇伤，养蜂人会穿上防护服。

黏土城堡

这些像巨大红褐色堡垒的巢穴位于非洲平原,它们叫作白蚁丘,是由白蚁建成的"城堡"。像蚂蚁和蜜蜂这样的社会性昆虫会创建一个复杂而宏大的社区——有着明确分工的"王国"。它们物种相同,但特征和大小并不同,根据能力不同分配了各种任务,以便能维持巢穴的运作。在这个小社会中,有上颚很大的兵蚁、永远忙忙碌碌的工蚁以及有飞行能力的繁殖蚁,繁殖蚁肩负着繁殖和寻找新巢穴的任务。也许你会觉得白蚁长得很像蚂蚁,但两者其实并非亲戚关系,而且它们分属不同的目。白蚁有超过 2500 种类别,属于蜚蠊目,是类似于蟑螂的后代。

白蚁丘

单个堡垒可以容纳超过 100 万只白蚁。在非洲南部的大部分地区都能看到较大的白蚁丘，高度约 9 米，底部宽约 3 米，地基可以延伸到地下好几米深。蚁穴通过侧面的通道和孔构成了一个调节温度和空气循环的网络——真正实现自我温度调节的系统工程。

22 东非白蚁（*Macrotermes bellicosus*）

东非白蚁中的兵蚁有一个非常强健的头，还有着巨大而有力的下颚，可以用来保卫巢穴并与白蚁的死敌蚂蚁作战。兵蚁唯一的任务便是防御，而工蚁则负责维修和建造白蚁丘、收集食物以及护理幼虫。

体长：兵蚁 10 毫米　**原产地**：非洲

10 毫米

白蚁后

所有的白蚁都是白蚁后的子孙，它不断地躺着产卵，可以在坚固的白蚁丘室内生存 30 年之久。白蚁王则小很多，它总是待在蚁后的身边并定期与之交配，以使白蚁后能不断地产卵。

农业的发明

白蚁会采集大量的木材和树叶，但并不食用，因为这些东西营养不足、不易消化。木材是一种微型真菌的基础，而这种真菌只在白蚁中生长，所以木材才是白蚁的主要食物。

清道夫

当动物死亡时，昆虫总是最先出现。苍蝇会在死肉里产卵，幼虫从中孵化出来，以尸体的组织为食。短时间内还会有其他昆虫到来，特别是甲虫，它们的整个生命周期都是在死亡动物的体内度过的。还有一些节肢动物专门吃所有最令人感到不悦的物质，例如圣蜣螂非常喜欢吃食草动物的排泄物，而马陆则喜欢吃死去的蘑菇和枯叶。

23. 圣蜣螂（*Scarabaeus sacer*）

这种甲虫有一个特长，它会把食草动物的排泄物滚成球并将之运送到隐蔽处埋起来。雌性圣蜣螂会在粪球内产卵，而它的幼虫会在其中生长发育。蜣螂的种类有数百种，遍布世界各地，它们对清除和回收食草动物的粪便大有用处。

体长：30 毫米　　**原产地**：非洲

> 圣蜣螂在推挤排泄物时，宽而多刺的前腿有助于它们抓住地面。

25. 红斑覆葬甲（*Nicrophorus vespillo*）

只要闻到尸体的气味，葬甲就会立刻飞到那些小脊椎动物的尸体旁，并开始不停地挖掘下面的土地，使之埋入地下。雌性葬甲会在它们埋葬的尸体中产下虫卵，幼虫孵化出来以后，头几天靠父母反刍的食物存活。葬甲和其他清道夫类的昆虫能够快速掩埋可能传播疾病的动物尸体，所以它们被视为对人类有益的昆虫。

体长：20 毫米　　**原产地**：北美洲

红色本质上意味着危险，这是一种与毒药相关的颜色。马陆可以从所吃的食物中获取有毒的物质，存于体内。

24. 猩红马陆（*Aphistogoniulus sp.*）

马陆并不挑食，既吃小型动物的尸体，也吃蘑菇、植物。正因如此，它们在热带环境中分布极广，而且在晚上非常活跃。它们的甲壳和颜色可以起到保护作用，可以用来警告捕食者它们的体内是有毒素的。

体长：150 毫米　**原产地**：非洲

一些甲虫以有机物质为食，包括粪便。

大覆葬甲和红斑覆葬甲是相似的物种，有着相同的习性，但身体完全是黑色的。

葬甲以动物的尸体为食，扁平的身体形状可以使它们轻松地滑到尸体的下方。

捕食者
为生存而捕猎

被称为捕食者就意味着它们可以捕食别的动物,而且经常活捉猎物。这种为了生存的战役是一场猎物和捕食者之间的"军备竞赛",节肢动物在其中表现得格外积极。例如,如果甲虫演化出厚厚的盔甲,那么它的对手则会对应产生了强有力的上颚,以抵御攻击。

1. 薄翅螳螂（*Mantis religiosa*）

螳螂那长满棘刺的前足是田间小昆虫们的噩梦。当猎物接近,在只有3~5厘米时,螳螂会在不到1/10秒的时间内抓住猎物,图中的蝴蝶已经被螳螂吃得只剩下翅膀了。薄翅螳螂不使用毒药,它会狠狠地抱住猎物,将它们生吞活剥。

体长:70毫米　**原产地**:欧洲

> 螳螂的大眼睛使它能精确地看清楚在短距离内前后所发生的事情。

1　70毫米

2. 非洲百缘气步甲（*Anthia cinctipennis*）

这种甲虫的头部有着坚固且尖利的上颚，可以咬碎较小昆虫的甲壳。下颚须和下唇须可以抓住嘴里的食物，把猎物固定好，咬碎并吸干。它们的腿只能用来快速地走路，而没有螳螂那样抓捕的功能。

体长：50 毫米　**原产地**：非洲

> 这些昆虫的黑色盔甲和白色花纹警告着掠食者它的身体带毒。

3. 越南巨人蜈蚣（*Scolopendra subspinipes*）

巨大的越南巨人蜈蚣是热带森林里最令人印象深刻的掠食者之一。它们几乎全盲，但可以依靠其敏感的触角，在夜间活动时寻找昆虫和小型脊椎动物，并总能找到猎物的藏身之所。图中的蜈蚣为了杀死猎物蟑螂，用能注入毒药的毒牙刺穿了它。

体长：250 毫米　**原产地**：亚洲

> 越南巨人蜈蚣的腿结实且锋利，可以用来捕食猎物。

团结就是力量

像其他社会性昆虫一样，蚂蚁通常体形很小，但数量很多。由于它们会为共同的目标而齐力协作，所以能捕获比自己更大的昆虫。

科学家们最近研究发现，蚁丘是"自组织系统"——大型团体中的个体无须首领就能进行自我约束。基本上每只小蚂蚁都能对一些简单的规则及其同伴的刺激做出反应。

发现食物来源，当蚂蚁发现食物时会发出特别的化学信号以请求帮助，这时，附近的蚂蚁会立刻前来协助。如果帮手不够，其他蚂蚁会继续发出信号，以接受更多的增援。当需求减少时，发送的求助信号也会减少，这代表不需要更多的援军。

蜜罐蚁的腹部充满了采集的蜂蜜，一个个都快被撑爆了。

4. 墨西哥蜜罐蚁
（*Myrmecocystus mexicanus*）

在北美沙漠中，这种蚂蚁中的蜜罐蚁成为饥荒时期用来养活同伴的活粮储备。当食物不足时，其他的蚂蚁只要碰碰这些蜜罐蚁，蜜罐蚁就可以吐出蜜。这些储存蜂蜜的蜜罐蚁本身很脆弱，当存足蜂蜜后，它的余生都要倒挂在蚁丘的天花板上。

体长：15毫米　**原产地**：北美洲

> 箭蚁能在热沙上快速移动，这要归功于它那细长的腿。

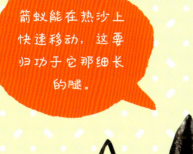

5. 箭蚁（*Cataglyphis sp.*）

箭蚁的爬行速度极快且超级耐热，它可以整天都在沙漠和戈壁上活动，以昆虫的尸体或濒死的昆虫为食。科学家已经证实箭蚁能够通过感知太阳的位置而为自己迅速定向。

体长：8毫米　**原产地**：非洲

★ **记录！** 箭蚁是有着最佳耐热性的蚂蚁。它可以在温度高达50℃的沙滩上移动。

6. 普通黄胡蜂（*Vespa vulgaris*）

胡蜂是蚂蚁的近亲，具有飞行能力，是一种会捕食小昆虫的食肉动物。它们用木头建造巢穴，在每个蜂格内繁殖和抚养幼蜂。谁能从工蜂处得到最有营养的食物，谁就能快速发育成长。

体长：10毫米　**原产地**：欧洲和非洲

> 胡蜂身体的黄黑条纹是典型的警告色（参见第132页的详细介绍）。

45

一支向前的军团

与其他种类的蚂蚁不同，行军蚁（游蚁属）没有固定的住所。它们是一支庞大的、不断前行的军团，在南美洲森林的土壤中不断寻找着猎物。

行军蚁会捕捉所有在灌木丛中发现的昆虫，也包括其他捕食者，例如蜘蛛和蝎子。

★ 记录！最大的军团。非洲行军蚁是狩猎蚁种中数量最为庞大的种类，军团内的蚂蚁数量超过 100 万只。

绿色王国

对一些昆虫来说，植被是食物，也是避难之所；而对另一些昆虫来说，那是一片需要使用巨大力量去征服的地方。生活在非洲和亚洲热带森林中的编织蚁便是这样的昆虫。与许多种类的蚂蚁不同，这种蚂蚁不会在土地上筑巢，而是会使用它们赖以生存的树木作为筑巢的原材料和基地。

巢的建造

编织蚁的工蚁会把树叶折弯并绑在一起做成巢，而幼虫能够分泌一种黏胶丝作为天然胶水，这便是它们被称为"织叶蚁"的原因了。在一些巢里，只住着工蚁和幼虫，在蚁群延绵的数十个巢室的中央，还会有一个巢室内住着蚁后。

7. 编织蚁（*Oechophylla sp.*）
体长：8毫米　原产地：亚洲和非洲

每个蚁群都有几十个藏在植被中的巢。

> 一旦在巢穴附近发现入侵者，大批编织蚁就会立即抵达并将其赶走。

攻击

编织蚁的座右铭是"团结就是力量"，它们会成群结队地袭击它们见到或触摸到的猎物。袭击猎物时并不需要刺针，而是需要使用强健的上颚咬住猎物，同时将分泌的蚁酸注射进猎物的伤口，使猎物麻痹。

> 蚁后产下并孵出的第一批工蚁将会帮助它发展自己的帝国。

蚁后

在织叶蚁飞行交配后，蚁后会撕下翅膀，藏身于一片树叶下。它不再移动，也不再自主进食，它将完全依靠之前在蚁丘内储存的能量存活。其目的很简单：产下卵，让第一批孵出的工蚁照顾自己、外出觅食并建造第一个蚁巢。

培育蚂蚁

并非所有的蚂蚁都是捕食者，南美洲的切叶蚁便是其中一例。它们在生活中最有趣的一点是收集叶子却不食用，而是会以另一种独特的方式使用它们。

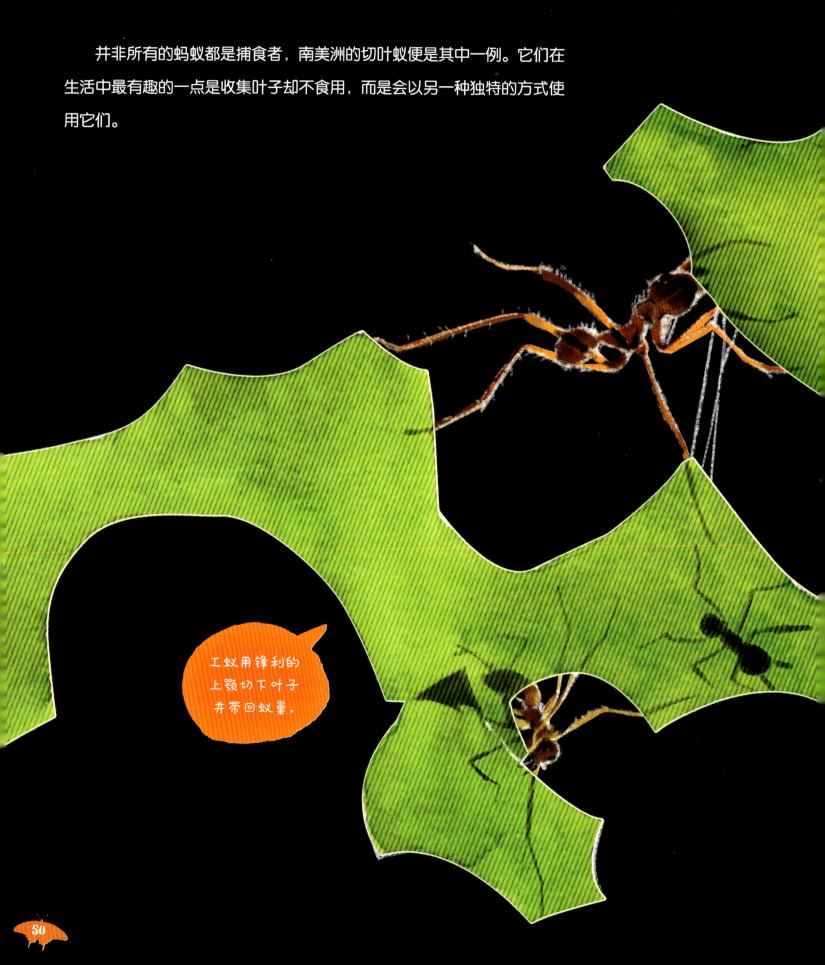

工蚁用锋利的上颚切下叶子并带回蚁巢。

普通黄胡蜂和欧洲胡蜂

普通黄胡蜂和欧洲胡蜂是蚂蚁的表兄弟。它们经常成群居住，蜂巢却不大。它们锯齿状的上颚十分强健，可以撕开昆虫和果实。它们腹部的末端有毒刺，可用于防御和杀死猎物，也会对人类造成十分痛苦的蜇伤。实际上，胡蜂科中有一些种类是世界上最危险的昆虫。

9 30毫米

胡蜂们平时会共同协作，喂养幼蜂。去狩猎的工蜂会将食物带到蜂巢中喂养幼蜂。

8. 金环胡蜂（*Vespa mandarinia*）

这些巨大的胡蜂以它黄色的脑袋而闻名，它们是强大的蜜蜂狩猎者，经常在花朵上出其不意地袭击蜜蜂。有时候它们甚至会跟随蜜蜂到蜂巢，再大举捕获它们。蜜蜂的刺对金环胡蜂坚硬的壳来说完全是小儿科。

为了保护自己，日本蜜蜂发育出动物界的一种独特的战术——一大群蜜蜂环绕着金环胡蜂同时拍打翅膀，使周围的温度加速升高，被围在内的金环胡蜂体温上升，直到超过能承受的极限温度，就会窒息而死。

体长：40 毫米　　**原产地**：亚洲

蜜蜂不会被毒刺刺伤，而会被有力的上颚切成碎片。

9. 北部武士马蜂（*Synoeca septentrionalis*）

武士马蜂身形大，呈黑色，它们会在软化的木头上建造蜂巢并繁殖后代，蜂巢的形状如同橄榄球。一旦蜂巢遭遇危险，每只武士马蜂都可以发出化学信号呼唤同伴共同御敌。它们的刺造成的蜇伤是胡蜂中最厉害的，与之比肩的就只有沙漠蛛蜂了。

体长：30 毫米　　**原产地**：南美洲

就像在演恐怖电影

有一些胡蜂不像其他胡蜂那样聚群生活，而是独自觅食和繁殖。雌性胡蜂经常以花蜜为食，但它们也会捕获节肢动物，以此作为幼虫的食物，其捕猎过程非常残忍，如果有人亲眼看到，会觉得仿佛在看一部恐怖电影。

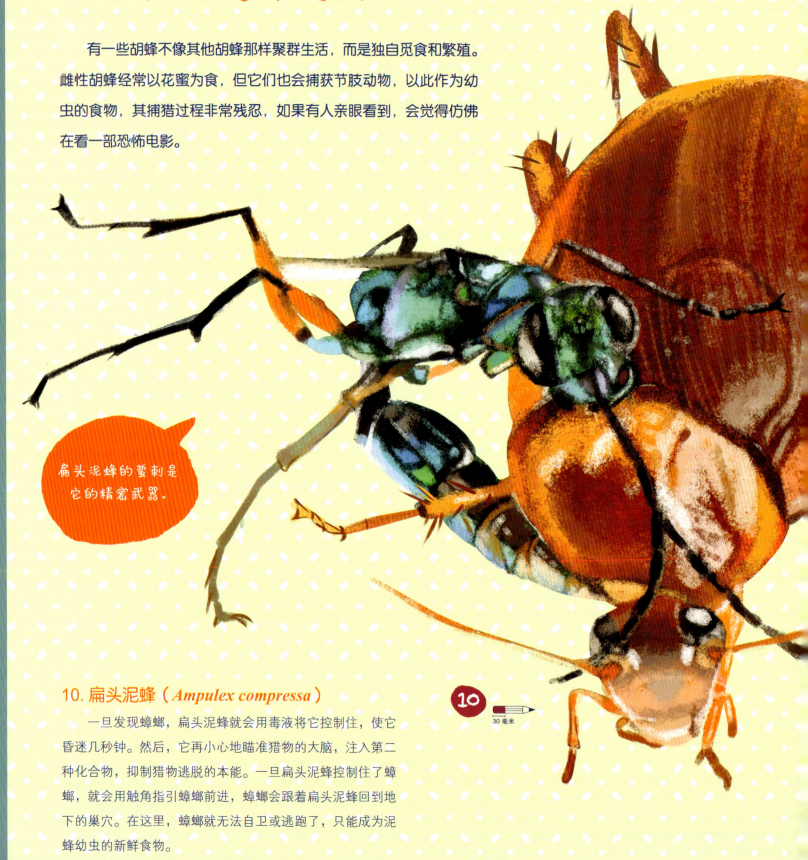

扁头泥蜂的螯刺是它的精密武器。

10. 扁头泥蜂（*Ampulex compressa*）

一旦发现蟑螂，扁头泥蜂就会用毒液将它控制住，使它昏迷几秒钟。然后，它再小心地瞄准猎物的大脑，注入第二种化合物，抑制猎物逃脱的本能。一旦扁头泥蜂控制住了蟑螂，就会用触角指引蟑螂前进，蟑螂会跟着扁头泥蜂回到地下的巢穴。在这里，蟑螂就无法自卫或逃跑了，只能成为泥蜂幼虫的新鲜食物。

体长：30 毫米　　**原产地**：亚洲和非洲

姬蜂的长触角是搜寻藏在树皮下猎物的利器。

11. 黑色皱背姬蜂（*Rhyssa persuasoria*）

这种姬蜂的雌性有一个很薄、长度超过自己身体长度的产卵器。它们会用产卵器刺穿木头，并在木头中生活的其他昆虫幼虫或蛹旁边产卵，例如天牛（第 30 页）或蜘蛛。这时，这些可怜的昆虫幼虫就会成为姬蜂幼虫的食物，姬蜂幼虫会取食宿主的脂肪和体液，直到完成变态后才从树中飞出来。

体长：40 毫米　**原产地**：欧洲和亚洲

其他独立生活的胡蜂会捕食毛毛虫、蜜蜂和蜘蛛，这些猎物被它们带回巢中用来喂养其幼虫。

12 沙漠蛛蜂（*Pepsis grossa*）

沙漠蛛蜂是世界上最大的胡蜂之一，它专门以捕食巨大的热带蜘蛛为生，它会向热带蜘蛛体内注射毒液使其沉睡。当毒液起作用后，它会把蜘蛛带回巢穴并放在自己产出的卵上，幼虫将以这只无法动弹的蜘蛛为食！

体长：40 毫米　　**原产地**：北美洲

★ **记录**！最毒的刺。被沙漠蛛蜂蜇伤后的刺痛感比被其他昆虫蜇伤后更为痛苦。

40 毫米

尽管胡蜂通常看起来比蜘蛛小，但它可以依靠速度成为最后的赢家。

织布大师

尽管并非所有的蜘蛛都会使用蜘蛛网来狩猎，但蜘蛛网都有着出色的机械性能，比相同粗细的钢丝更坚韧。

为了对付蜘蛛那用来捕捉飞行昆虫的圆形蛛网，昆虫们也想出了多种"解决方案"，例如蝴蝶翅膀上的"粉"（其实是微小的鳞片）可以帮助它们从蜘蛛的陷阱中逃脱。

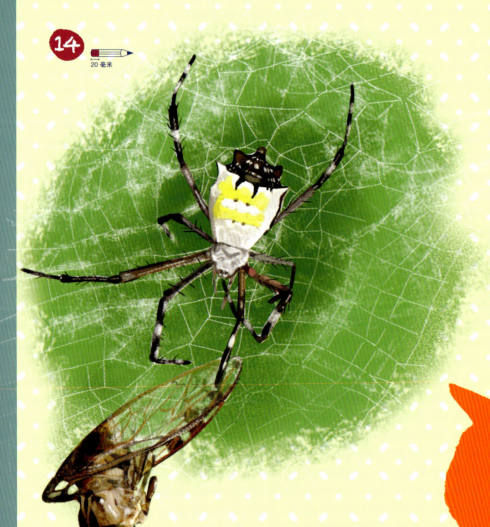

13. 妖面蛛（*Deinopis sp.*）

妖面蛛在蜘蛛群体中独树一帜，因为其独特的4条前腿，其蛛网被誉为"钓鱼蛛网"。黑暗中，妖面蛛依靠前额上的两只大眼睛，还能感知到月亮或星星带来的微弱光线。

体长：30毫米

原产地：非洲、亚洲和南美洲

> 一些蜘蛛织出的蛛网中心很像一幅图画，我们称之为稳定画。现在人们还不太清楚其功能，但似乎可以吸引一些昆虫自投罗网。

14. 白腹金蛛（*Argiope argentata*）

要织出直径为30~40厘米的圆形蛛网，白腹金蛛需要准备30米长的丝，丝的直径为百分之几毫米。对于一只只有2厘米的动物来说，这是非常大的数字。这就是为什么蜘蛛会回收旧网的原因。当它们需要建造新网时，就会吞入旧网，然后再制造出新的陷阱。

体长：20毫米　原产地：南美洲

妖面蛛一般会在夜间活动，白天它会用长腿裹起身体，装扮成一片草叶隐藏起来。

⑬ 30毫米

⑮ 20毫米

15. 达尔文平额蛛（*Caerostris darwini*）

达尔文平额蛛的蜘蛛网会织在水面上方，以便其捕捉生活在湿地上的飞虫。其网直径可达1米，蜘蛛网上半部分的丝比下半部分的丝更坚韧，可以抵抗住强劲的大风。

体长： 20毫米　　**原产地：** 非洲

★ **记录！** 世界上最大的蜘蛛网。这张网从洞穴口开始延展，沿着树枝从溪流的一侧到另一侧，可达15~20米。

平额蛛都是隐藏的大师。不动时，它会紧紧地抓住树枝，看起来像是一块凸出的树皮或木结。

巨大的蜘蛛网

较大的蜘蛛会织造出巨大的蛛网陷阱，它们一生中的大部分时间都会在此度过。不过它们并非日日夜夜都在织网，而是会不断地修补加固它。

⭐ **记录！** 最坚韧的蜘蛛网：络新妇蜘蛛织出的网非常坚固，甚至能抓住鸟类和蝙蝠。

热带的络新妇蜘蛛身长可达40毫米。它是使用蛛网捕食的蜘蛛中最大的种类之一。

这张1米宽的蛛网上布着一些金线，金线似乎可以吸引一些飞虫，它们会自投罗网。

雄性的络新妇蜘蛛比雌性的小很多。

伏击冠军

有一部分种类的蜘蛛会使用蜘蛛网捕猎，还有一些种类依靠快速攻击进行猎食——它们会靠视力或对振动的感知，向前攻击，然后用腿抓住猎物，咬住，并在猎物身上注入毒液。一个猎物可以成为蜘蛛几天甚至几周的美餐。大部分蜘蛛是夜行动物，但也有一些种类白天也十分活跃。

一些蟹蛛在从一朵花移向另一朵花时，甚至能够缓慢地改变身体的颜色。

16. 满蟹蛛（*Thomisus onustus*）

满蟹蛛的名称源于这种蛛形纲动物可以像螃蟹一样横向移动。满蟹蛛是埋伏专家，它平时喜欢躲在植被和花朵上，随时准备着捕捉附近的昆虫。它的腿可以突然钳制住猎物，在猎物逃跑前将其固定住。

体长：15 毫米　**原产地**：欧洲

在进行最终的跳跃之前，蜘蛛会努力地靠近猎物，眼睛一直注视着，以测量距离。

17. 斑马跳蛛（*Salticus scenicus*）

斑马跳蛛长着8只眼睛，其中有两只大眼睛长在前面。跳蛛是蜘蛛目中最大的科。斑马跳蛛通常体形较小，颜色鲜艳，可以追逐较小的猎物，它们通常会在距离1~2厘米时跳起扑向猎物。与大部分蜘蛛的习性不同，跳蛛是昼行动物，可以依靠视力抓捕猎物。

体长：8 毫米　**原产地**：欧洲

白天，博氏巨蟹蛛一般会躲在树皮或树洞中。

18 40毫米

18. 博氏巨蟹蛛（*Heteropoda boiei*）

这种在热带雨林中非常常见的大蜘蛛喜欢趴在树干上。当夜幕降临，它们就开始伏击在树木上移动的昆虫和小型脊椎动物。当猎物距离它只有几厘米时，博氏巨蟹蛛首先会通过振动感受到猎物的存在，而对空气流动的感知以及视觉则只起辅助作用。

体长：40毫米 **原产地**：亚洲

亚马孙巨人捕鸟蛛——蜘蛛世界的巨人

亚马孙巨人捕鸟蛛是世界上最大的蜘蛛，有时候会被称为狼蛛，它的身体长度比男性的手还长。它主要分布在热带雨林地区，夜间活动时会离开藏身之所去捕捉昆虫、青蛙、壁虎等。虽然它的尺寸让它看起来很吓人，但许多比它小很多的蜘蛛毒性都比它强。

放大 200 倍的带刺刚毛。

亚马孙巨人捕鸟蛛的毒牙长约 2 厘米，很像许多毒蛇的牙齿。

19　120 毫米

19. 亚马孙巨人捕鸟蛛
（*Theraphosa blondi*）

亚马孙巨人捕鸟蛛发育成熟需要 4~5 年，成为成年蜘蛛后还会再生存 15 年。与那些小型蜘蛛不同，食鸟蛛可以禁食几个月，但不能缺水。所以在干旱的季节它们会躲在孔内，并用厚厚的丝封住洞口。尽管被它们咬了后会感到有些痛，但这种蜘蛛不会对人类造成危害。

体长：120 毫米　　**原产地**：南美洲

★ **记录！** 世界上最大的蜘蛛。亚马孙巨人捕鸟蛛的体重可以达到近 200 克，它的腿张开后跨度可达 30 厘米，足有一个餐盘直径那么大。

刺痛的刚毛

亚马孙巨人捕鸟蛛的腹部有着大量的刚毛。在 50 倍显微镜下能够看到这些刚毛很密集，呈钩状。如果这些刚毛不小心落入人的眼睛和鼻子内，会让人感到非常难受。这也是亚马孙巨人捕鸟蛛让自己免受森林内食肉哺乳动物攻击的好武器。

> 有些油彩粉红趾捕鸟蛛的体色格外鲜艳和亮眼，这也许源于它们昼夜活动的习性。

20
80 毫米

20. 油彩粉红趾捕鸟蛛（*Avicularia versicolor*）

多亏了强健的腿和比其他捕鸟蛛更为轻巧的身体，这些蜘蛛在树上可以生活得很舒服，它们会在树叶和树皮间筑起厚厚的网。由于身体上长有长毛，部分油彩粉红趾捕鸟蛛还能在水面上行走，从近水的一棵树迁移到另一棵树上。

体长：80 毫米　　**原产地**：南美洲

我独特的生活方式

有句老话说:"撑死胆大的,饿死胆小的。"确实,命运很多时候都会眷顾那些敢于作出大胆决定的人。而自然界中万物的演化规律似乎与这句话完全吻合。纵观蜘蛛的世界,有许多物种都推动了自身的发展,超越了自身的极限,发展出与其他同类截然不同的生活方式。

水涯狡蛛,欧洲最大的蜘蛛之一,但对人类无害。

21
20毫米

21. 水涯狡蛛（*Dolomedes fimbriatus*）

蜘蛛通常不太喜欢水,但水涯狡蛛是个例外。它住在池塘边的沼泽里,可以潜入水中捕捉小鱼、水生昆虫以及蝌蚪。它会用腿抓住猎物,然后拖拽到水生植物上,再把毒液注入猎物的体内。尽管它能潜水,但它无法在水下进行呼吸,所以它还是与土地的关系更加紧密。

体长：20毫米　**原产地**：欧洲

很多蜘蛛都采用这种生活方式,在各大洲都能见到它们,包括处于温带的欧洲。但我们在日常生活中却很难见到它们,因为它们完全藏在活板门里面。

22
40毫米

22. 节板蛛（*Liphistius sp.*）

节板蛛会藏在地下隧道的活板门内等待它的猎物,外面丝线的振动会传递到它的腿上。一旦节板蛛进入活板门内,它的巢穴便完全封闭起来,从外面根本无法辨认。一旦昆虫通过,节板蛛会突然跳出并抓住猎物进行拖动。一切都在一秒钟内发生!

体长：40毫米　**原产地**：亚洲

23. 流星锤蜘蛛
（*Mastophora hutchinsoni*）

流星锤蜘蛛的蛛网非常有创意，流星锤蜘蛛分泌的特化蜘蛛丝呈球状，黏球置于一条蜘蛛丝的末端，从一只腿上垂下来。晚上它会潜伏在树枝上，散发出吸引雄性夜蝴蝶的气味。当猎物靠近时，流星锤蜘蛛会通过感知空气振动获得信息，然后挥动丝球，直到猎物上钩。

体长：15 毫米　原产地：南美洲

垂下的丝球外形很像古代的一种武器——流星锤，因而这种蜘蛛被称为流星锤蜘蛛。

24. 水蛛（*Argyroneta acquatica*）

虽然与水涯狡蛛没有密切的亲缘关系，但水蛛也生活在干净的内陆水域，以小型水生昆虫为食。这种蜘蛛的独一无二之处是它生活在湖泊的水下，靠建造自己的潜水钟将氧气固定在气泡中，可以为它供氧。

体长：15 毫米　原产地：欧洲

水蛛是蜘蛛中极少数的雄性大于雌性的种类。

蝎子——毒刺和两把大钳子

25 亚利桑那厚尾蝎（*Hadrurus arizonensis*）

蝎子是夜间活动动物，它会趁着黑暗外出进行狩猎。这种近乎瞎子的动物可以凭借对振动的感知而察觉到猎物，并用须肢（钳子）将其抓住，后腹部（蝎尾）举起，用毒针刺伤它们。

体长：140 毫米　**原产地**：北美洲

140 毫米

> 蝎子不喜欢太阳，黎明时会躲在岩石或地面下的空洞内。白天活跃的蝎子种类非常少。

带毒者

许多蜘蛛和昆虫都会用毒液自卫或攻击猎物。几乎所有的蜘蛛都带有毒液,但只有少数的蜘蛛对人类有危害。不少昆虫也带毒液,这些有毒物质来源于它们赖以生存的植物。

与非洲毒叶甲虫相似的一些甲虫也有毒,主要是因为它们进食的植物有毒。

26. 非洲毒叶甲(*Diamphidia sp.*)

这种外表看似无害的昆虫是世界上最具毒性的昆虫之一。它的体内充满了来自沙漠植物的有毒物质。非洲毒叶甲虫幼虫的毒性比成虫还大,它们被古代南部的非洲桑族猎人用来当作涂抹在弓箭箭头上的毒素,这可以使他们更方便地射杀羚羊。

体长: 20 毫米　**原产地:** 非洲

★ **记录!** 世界上最毒的昆虫之一。非洲毒叶甲的毒素对哺乳动物来说格外危险——只要在成年人的血液中注入一滴便可令其致命。

在某些亚马孙的族群中,到了青春期的男孩必须通过被子弹蚁蜇刺的仪式,才能被视作成年。

27. 子弹蚁(*Paraponera clavata*)

这种大型蚂蚁生活在热带雨林中,以各类昆虫为食。通常这些蚂蚁会单独或成小群地进行捕猎,必要时还会呼叫同伴,请求增援。毒刺是它们主要的防御武器。若人被它们蜇刺,会感到十分痛苦,但不会有生命危险。

体长: 25 毫米　**原产地:** 南美洲

★ **记录!** 最痛苦的刺痛。子弹蚁和沙漠蛛蜂(参见第56页)都被视为刺痛感最强烈的昆虫之一。

28. 红斑寇蛛（*Latrodectus mactans*）

红斑寇蛛的俗名黑寡妇更广为人知。它是这个世界上最毒的蜘蛛之一，虽然其毒素比眼镜蛇的更强烈，但毒素的量并不大。这是一种中等大小的蜘蛛，攻击性不强，它的大部分时间都花费在蜘蛛网上，等待着昆虫陷入其中。雌性腹部上有着红色沙漏的图案，这是对掠食者的警告标志。几种相似的物种广泛分布在世界各地。

体长：15 毫米　**原产地**：北美洲

> 蜘蛛腿上的绒毛对气流非常敏感，这些绒毛能够为蜘蛛提供准确的感知信息，让蜘蛛了解到附近是否有物体在移动。

> 红斑寇蛛的雌性经常在交配后将雄性吞噬，故得名黑寡妇。

28 — 15毫米

29. 巴西菲纽蛛（*Phoneutria nigriventer*）

当这种热带的大蜘蛛感到害怕时，就会抬起前腿，露出橙色和黑色以示警告。这是一个宝贵的警告，因为它是世界上最危险的蜘蛛之一。在极端情况下，它的毒液能够杀死一个人类，而且被其叮咬后会让人感到十分痛苦。它一般会捕食居住在热带雨林内的昆虫和小型脊椎动物。

体长：45 毫米　**原产地**：南美洲

29 — 45毫米

行动陷阱

当我们了解了节肢动物后,就会看到许多动物会对猎物采取类似的捕食方式,这就是"趋同演化"。它是指亲缘关系甚远的动物,由于栖居于同一类型的环境之中,从而演化成具有相似形态特征或构造的现象。

30. 鞭蛛(*Damon diadema*)

这种蛛形纲无鞭蝎目的动物是蝎子的远亲,用须肢(前肢)捕食,与螳螂手臂的作用相似。它们的尾部能竖起来并带有尖锐的长刺。为了能找到赖以为生的昆虫食物,它的一对腿演化成了触角,能够在黑暗中缓慢移动着寻找昆虫留下的痕迹和感受昆虫运动的轨迹。

体长: 50 毫米 **原产地:** 非洲

鞭蛛的身体很扁平,可以藏身于树皮和岩石下。

31. 非洲螳螂（*Sphodromantis lineola*）

非洲螳螂能够在 1/10 秒的时间内向前跳跃接近猎物，然后用类似两把大刀的前肢钳制住猎物。它的前肢上有一排坚硬的锯齿，能把猎物牢牢地固定住。它的猎物通常是另一种昆虫，这种昆虫一旦被抓住，很快便会被吞下去。非洲螳螂在饱餐一顿后还会花一些时间来清理它的武器。

体长： 80 毫米　　**原产地：** 非洲

> 螳螂的眼睛对运动着的昆虫非常敏感，如果昆虫保持静止，螳螂反而找不到它。

32. 螳蝎蝽（*Ranatra linearis*）

这是一种水生掠食类的昆虫，也常被称为水蝎。它演化出和螳螂前肢相似的抓捕型前腿，可以捕获蝌蚪和水生幼虫。抓到猎物后，它们会用刺吸式的口器吮吸猎物的体液，并注入毒液。

体长： 60 毫米　　**原产地：** 欧洲

> 螳蝎蝽身体的后端是呼吸管，可以使之在水面上进行呼吸。

31　80毫米

32　60毫米

咬下最有力的一口

一些节肢动物发育出了令人惊叹的坚硬口器和超大尺寸的下颚,用于攻击并撕碎猎物。一些食草动物也有着类似的器官,但仅用于和对手决斗。

33. 大齿猛蚁(*Odontomachus haematodus*)

这种蚂蚁总是张着大嘴,四处游走。一碰到猎物,它会立刻以大于 100 千米/小时的速度咬住猎物。大齿猛蚁的反应速度是所有昆虫中最快的。

体长:10 毫米 **原产地**:南美洲

★ **记录!** 动物世界中咬合速度最快的动物。

> 大齿猛蚁合嘴时产生的力量能把自己弹高,然后落在远处的安全地带。

34. 大王虎甲(*Manticora latipennis*)

为了更好地对付猎物的盔甲,热带的大王虎甲发育出了昆虫中最强大的上颚。雄性大王虎甲的上颚格外强健,在与雌性交配时要依靠这种镰刀状的上颚抓住雌性。

体长:60 毫米 **原产地**:非洲

> 大王虎甲是大型的步行者,无法飞翔。它腹部上方的鞘翅融合在一起,阻碍了翅膀挥动。

第一对前肢上长着敏感的绒毛，可以在攻击的最后时刻提供助力。

35. 避日蛛（*Galeodes arabs*）

与大型的毛蜘蛛相似，避日蛛是沙漠地带的蛛形纲动物，有两个巨大的形似钳子的螯肢。这些器官并没有毒，却能够非常迅速地将猎物撕成碎片，猎物包括沙漠昆虫和壁虎。尽管它的样子看起来很吓人，其实它对人类无害。当然人类最好也要注意不要被它咬到，因为被体形较大的避日蛛咬后，会感到非常疼。

体长：60毫米 **原产地**：非洲

★ **记录**！咬力无穷。按照体重的比例来看，这些无脊椎动物可能是全世界嘴上力气最大的动物了。

36 中华虎甲（*Cicindela chinensis*）

对于小型虎甲虫来说，它的上颚是最主要的武器。无毒的虎甲虫就是靠这些武器捕捉田里的小昆虫的。它们可以在地面上快速移动，并在需要时进行短途飞行。

体长：20 毫米　**原产地**：亚洲

20 毫米

刺吸式口器

许多昆虫都有着特定的口器，被称为刺吸式口器，可以用来攻击猎物或从猎物身上吸血。这些猎物身体组织内的液体也会被口器吸走。蚊子和虻这些令人讨厌的昆虫便属于这个群体。

> 很多食虫虻都有着类似胡蜂的外形，以抵御食虫性鸟类的攻击。

37. 食虫虻
(*Asilus crabroniformis*)

这种飞虫属于双翅目，但乍看起来它和蝇类似乎没有太多的共同点。实际上食虫虻是贪婪的掠食者，会在其他昆虫飞行时攻击它们，并用坚硬的喙刺入昆虫的体内。它们最喜欢捕捉的猎物便是体形较大的苍蝇和蜜蜂。

体长：30毫米　**原产地**：欧洲

38. 库蚊（*Culex pipiens*）

它们会在夏夜里折磨着人类，毫无疑问在"世界上最讨厌的昆虫"排行榜中，它当之无愧会获得第一名。库蚊同样是温带和热带地区活得最成功的昆虫。它们的秘密武器就是它们的生命周期——产子众多并且可以快速发育成熟。它们抵抗力很强又善于适应各种环境，这些能力能够帮助库蚊在瞬息万变的环境中渡过难关，生存下来。

体长： 6毫米　**原产地：** 全世界

只有雌性库蚊会吸血，雄性库蚊对人类是无害的。

白斑猎蝽的体色鲜艳，有黑色、黄色和白色。这其实是警告信号，用来告知敌人其体内有毒。

39. 白斑猎蝽（*Platymeris biguttata*）

白斑猎蝽是昆虫中的食肉动物，喜欢攻击蟋蟀和蟑螂。它会用前足和中足抱握住猎物，然后伸出飞镖状的喙管刺入猎物的体内，注入毒液令其瘫痪。然后，它再通过同一个口器吮吸出猎物体内溶解的液体。毒液可以喷射20厘米以上，被它们咬上一口会感到非常疼痛。

体长： 40毫米　**原产地：** 非洲

外形以外

想象一下蜘蛛或昆虫攻击小型哺乳动物、蜥蜴或青蛙时的情景，是不是挺令人恐惧的呢？我们或许会以为这是很罕见的事情，但其实在热带雨林中这样的事时常会发生。

对于来自南美洲的大型热带蜘蛛行蛛来说，它们所食用的大部分食物由昆虫构成，尤其是蟑螂和螳螂。但如果猎物体形大小合适，它们才不在乎是否是脊椎动物呢。这些蜘蛛体长约40毫米，通过感知蛛网的振动或雄性树蛙鸣叫时在树叶中传递的振动来获知猎物的存在。

树蛙不会注意到静止不动或缓慢移动的蜘蛛。

行为和适应
联盟生活

许多不同种类的昆虫会结成联盟，相互帮助。这种紧密且积极的关系被称为共生，通常会发生在两种或几种生物之间。但并非所有保持联盟的生物都能从中获益。

1. 蚂蚁和蝴蝶幼虫

这种蝴蝶的幼虫（霾灰蝶）制造着巧妙的骗局——它依靠自己的体形和发出的特别气味，假装成蚂蚁的幼虫被蚂蚁搬到蚁丘中，然后受到蚂蚁的保护和照顾。但在这里，它会吞食蚂蚁幼虫以便完成自己的发育和结茧，最后变为漂亮的蓝色小蝴蝶破茧而出，飞出蚁丘。

体长：蝴蝶幼虫为 10 毫米　　**原产地**：欧洲

> 在这种情况下，蚂蚁没有获得任何好处，蝴蝶是欺骗者，还破坏了蚂蚁的住所。

> 这种细腹食蚜蝇的幼虫（见第35页介绍）会设法吞噬蚜虫并用气味欺骗蚂蚁。

> 这种昆虫头部古怪的凸起并不像人们以前认为的那样会发光，它可能是吸引自己种群成员的标志物。

2. 蚂蚁和蚜虫

和蚂蚁有关的一些共生关系更为复杂，既有与植物共生的，也有与其他昆虫共生的。许多欧洲地区的蚂蚁物种，比如褐林蚁，会抚养蚜虫，就像人类饲养家畜一样。褐林蚁把蚜虫们聚集在一起"吃草"（此时是吸食植物的汁液），并保护它们免受掠食者的袭击。作为回报，蚜虫提供给褐林蚁一种腹部分泌的糖分，这正是蚂蚁格外喜欢的美味。

体长：5毫米（较大的蚜虫） **原产地**：欧洲

3. 蟑螂和蜡蝉

纹家蠊伴生的奇怪热带昆虫是东方蜡蝉属的物种。蜡蝉可以用针状的口器吮吸植物的汁液，然后它们会从腹部排出一种含糖的物质，这种物质非常受昆虫甚至是壁虎的喜爱。

体长：60毫米 **原产地**：亚洲

雄性和雌性，谁大谁小

很多节肢动物的雄性和雌性之间，大小和体重差异十分明显，这完全取决于该种动物的生活方式。雌性动物较大的情况比较多，因为它们负责在体内孕育卵。有一些节肢动物的体形差异甚至更夸张，有的雌性甚至比雄性重100倍！

4. 长戟大兜虫（*Dynastes hercules*）

在会争夺配偶的甲虫中，雄性往往比雌性大，因为雄性要面对情敌。这种习性导致了体形较大的一方会获得更大的优势，所以这种甲虫在发育的过程中会慢慢增加体积。长戟大兜虫巨型的角会在决斗中派上用场，两个竞争者面对对方，看谁能将对手推倒。而雌性则会根据雄性在决斗中的表现来进行选择，所以它们不需要这种工具。

体长：雄性160毫米，雌性60毫米　　原产地：南美洲

> 长戟大兜虫是世界上"最强"的昆虫之一。它们在决斗时必须保持抓地力，所以它们双腿的力量极大，能够举起自身重量100多倍的重物。

雌性间斑寇蛛的腹部上有许多斑点，非常容易辨识。这是一个清晰的警告标志，警告敌人们可能会被它咬。

5. 间斑寇蛛（*Latrodectus tredecimguttatus*）

在蜘蛛的群体中能看到这种体形差异如此巨大的种类并不容易，但那些主要由雌性在蜘蛛网上捕猎的蜘蛛种类中，大小差异便较为明显了。雄性较小的体积不会吸引雌性太多的注意力，这可以使雌性蜘蛛专心地繁殖。

体长：雌性 20 毫米，雄性 5 毫米　　**原产地**：欧洲

★ 记录！最危险的恋爱关系。间斑寇蛛经常在交配后将雄性吞食。

在爱情中，一切都值得

　　昆虫和蜘蛛中的雌性都喜欢选择最强壮和抵抗力最强的雄性结为伴侣。因为对于它们来说，产卵繁殖是一项长期的任务，需要伴侣的配合和帮助。所以在这些动物中，求爱是一件非常严肃的事情，需要采取各种技巧获得成功。

6. 欧洲深山锹甲（*Lucanus cervus*）

　　要说欧洲最大且最壮观的昆虫，欧洲深山锹形虫必须名列其中。它那令人联想到鹿角的巨型上颚是其拉丁学名的来源，只有雄性有这种大颚，其作用并非是为了捕食，而是为了把竞争对手举到空中，并从树上扔下去。谁的上颚尺寸更大，谁就在决斗中更占据优势。

体长：雄性 80 毫米，雌性 50 毫米

原产地：欧洲

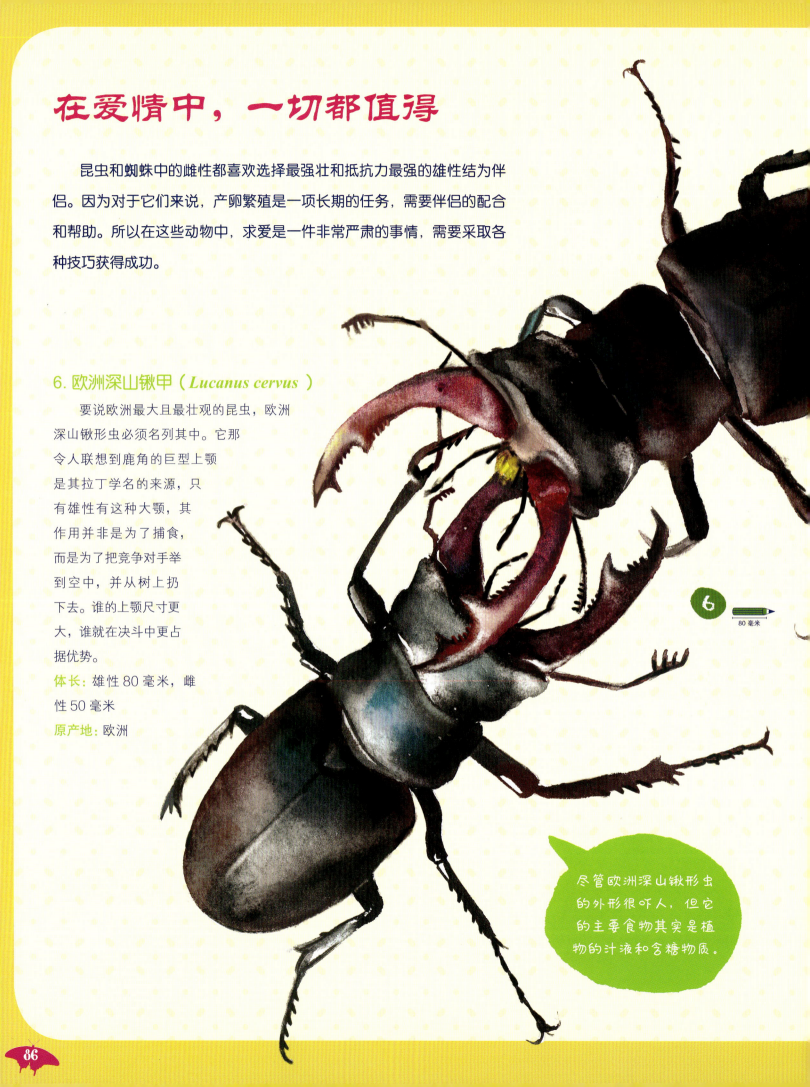

6　80毫米

尽管欧洲深山锹形虫的外形很吓人，但它的主要食物其实是植物的汁液和含糖物质。

15 毫米

8. 奇异盗蛛（*Pisaura mirabilis*）

在蜘蛛的世界中，雌性蜘蛛的攻击性通常要比其伴侣的更强大，这就导致了雄性过早地死亡。为此，某些节肢动物的雄性会采取"结婚礼物"的战略。一个最合适的例子便是奇异盗蛛了，当雄性接近雌性时，会献上一只被蛛丝包裹的小昆虫。而雄性在交配结束后，会设法拿回该礼物，并继续向另一位雌性求爱！

体长：雄性 10 毫米，雌性 15 毫米　　**原产地**：欧洲

> 科学家观察到，当资源匮乏时，一些雄性蜘蛛甚至不会送礼物，而是会用蛛网包裹上一点土壤，以欺骗雌性。

7. 达氏曲突眼蝇
（*Teleopsis dalmanni*）

雄性达氏曲突眼蝇最奇怪的地方便是它的眼睛长在了两根长柄的顶端。通过观察评估头部转动时眼睛长柄的长度和厚度，达氏曲突眼蝇可以了解对手的实力。一只雄性突眼蝇会守护停留在树根上的雌性，拒绝竞争对手的接近。

体长：8 毫米　　**原产地**：亚洲

8 毫米

> 这些造型夸张的眼睛只是为了繁殖，没有其他的作用。达氏曲突眼蝇以真菌和小型动物的尸体为食。

87

> 这种蜘蛛有好几种类别。略微不同的体色和舞蹈动作是雌性能够识别自己的物种中雄性的标志。

> 雌性。

9 孔雀跳蛛（*Maratus speciosus*）

这些小型跳蛛科的雄性蜘蛛有着绚丽的外表，给人们留下了深刻的印象。雌性孔雀蜘蛛的体积更大，但它的体色仅为棕色。它们扭动腿部和腹部跳出的求爱舞蹈节律性惊人，甚至可以与一些热带鸟类媲美。

体长：5 毫米　**原产地**：澳大利亚

★ **记录！** 最壮观的舞蹈游行。在所有的蜘蛛和昆虫的种类中，要数孔雀跳蛛的舞蹈最丰富多彩和复杂了。

5 毫米

雄性。

昆虫音乐家

很多昆虫都能发出声音，有的声响还很大。说到这里，我们大概会立刻想到蝉和蟋蟀，但其实还有许多其他发声的昆虫。会唱歌的昆虫大多是雄性，目的是在雌性的面前炫耀和求爱。在某些情况下，昆虫发出声音也是为了能吓唬捕食者，尤其是当它们十分出乎意料地发出声音时。

一旦雌性的皇帝巴布捕鸟蛛被发现躲藏在地下的洞中时，它会立刻做出反应，挥舞着腿威胁入侵者。

10. 皇帝巴布捕鸟蛛
（*Pelinobius muticus*）

通过用侧面摩擦螯肢附属物而发出声音的皇帝巴布，属于捕鸟蛛科，它那粗壮的腿看起来像铁锤。许多非洲蜘蛛能够发出一种特殊声音来警告敌人，为了增强警告效果，皇帝巴布捕鸟蛛还会抬高后腿，露出带毒的长牙。

体长：80 毫米　　**原产地**：非洲

12. 青襟油蝉（*Tacua speciosa*）

雄性青襟油蝉是强大声音的制造者。不像蟋蟀或一些蜘蛛那样有摩擦器，它的发音器在腹部，那里就像蒙上了一层鼓膜的大鼓，鼓膜受到振动后就会发出声音。每种蝉都有自己具有辨识度的声音，雌性可以辨别歌声以寻找心仪的雄性。

体长：50 毫米　　**原产地**：亚洲

11. 牛蝗（*Bullacris sp.*）

这种大型蝗虫和其他种类的蝗虫一样能够发声，它们会用后腿摩擦腹部，发出响亮而尖厉的声音。雄性牛蝗的腹部非常大，是充满空气的空腔，作用是放大雄性发出的响亮求偶歌声。

体长：60 毫米　　**原产地**：非洲

牛蝗发出的深沉且响亮的声音能传到2公里远的地方。

发光

　　许多雄性昆虫会依靠气味、声音或颜色向雌性求爱，而雄性萤火虫则是用发光的方式来求爱。每个物种都有着雌性能够识别出的精确光学代码。萤火虫发出的光是"冷光"，是由它腹部内部发生的高效化学反应而产生的。

雌性回应雄性的方式是靠近雄性并发出相应的回应信号。

萤火虫在初夏时节开始飞舞，不过只有在天黑的时候才能被人看到。雄性会发出间歇性的信号以引起雌性的注意。

⭐ **记录！** 有些发光叩头虫的光是昆虫能产生的最强烈的光源了。

能为孩子做些什么

在节肢动物的世界中，经常出现幼虫诞生时父母已经死亡或离开了的情况。但也有一些种群不同，它们十分重视孩子们的诞生和成长，在幼虫孵化出的数周里会尽全力照料。

13. 亚洲雨林蝎（Heterometrus spinifer）

虽然我们不经常夸奖别人，但必须承认，所有的雌性蝎子都是出色的母亲。当小蝎子出生后，母亲会立刻将其移动到自己腹部，孩子们会在它的大钳子和毒刺的保护下，生活数周。在长好壳后，小蝎子便能离开母亲，完全独立地进行活动，并只能依靠自己的力量生存了。

体长：160 毫米　**原产地**：亚洲

> 新生的蜈蚣和蝎子一样，身体是半透明状的，在第一次蜕皮后会变黑。

14. 越南巨人蜈蚣（Scolopendra subspinipes）

蜈蚣也是好妈妈，它会清洁自己的卵，以防止真菌的生长。小蜈蚣在诞生后的头几周内都被母亲细心地保护着，防止它们被掠食者攻击。这种体形最大的蜈蚣幼虫需要3年的时间才能长为成虫。

体长：250 毫米　**原产地**：亚洲

15. 皿蛛（Linyphiidae）

小皿蛛被孵出来时妈妈已经死了。通常数百只小皿蛛会同时破壳而出，为了尽可能地减少手足间的竞争，它们的腹部会产出很长的蛛丝，像放风筝一样让自己随风飘起，降落到距离出生地数千米的地方。这样新生的蜘蛛便能分散到各处，甚至飘到遥远的岛屿上。

体长：5 毫米　**原产地**：欧洲

刚出生的小蝎子颜色很浅，可以立刻被认出来。

并非所有的蜘蛛都会靠风迁徙，通常只有织网的蜘蛛才会这样做。

15　5毫米

昆虫的飞行

昆虫是飞行的先驱者，是 3.5 亿年前诞生的最早的蜻蜓种类，比恐龙更古老，样子与我们今天看到的没什么不同，但体形却有鹰那么大。在那之后的几百万年中，翅膀的优势越来越明显，被鸟类和哺乳动物们所"采用"。爬行动物、两栖动物、鱼以及一些无脊椎动物，也有着各种形态的翅膀。但不是所有的昆虫都会飞行，因为有些昆虫的生活方式不会用到翅膀。在蜘蛛、蝎子、蜈蚣和螃蟹这些节肢动物的大类中，几乎没有能飞的昆虫。

16. 红天蛾（*Deilephila porcellus*）

天蛾家族是世界上最大的飞行昆虫种类。凭借胸部强大的肌肉，这种长着 4 片翅膀的昆虫每小时能飞行 40 千米，还能在空中悬停，以便用口器吸取花蜜。它身体上覆盖的绒毛在夜间飞行时可以起到保暖的作用。

体长：翅展 60 毫米　**原产地**：欧洲

> 夜行的天蛾种类很多，分布在地球的各个角落中，图中的红天蛾是颜色最鲜艳的种类。

17 🖉 20毫米

金花金龟只会在从一朵花移动到另一朵花时飞一飞，它们生命中的大部分时间都会待在植物上。

17. 金花金龟（*Cetonia aurata*）

这类闪闪发光的甲虫，虽然不是出色的飞行家，但它们仍会设法在空中谨慎地飞行。金花金龟的前翅角质化，能起到保护身体的作用，被称为鞘翅，后翅可以摇摆并帮助它们悬停在空中。金花金龟的后翅灵活透明，通常折叠在身上，仅在飞行时才伸展开来。当它降落时，会将后翅收起来置于鞘翅的保护下，真是实用又巧妙的系统啊！

体长：20毫米　**原产地**：欧洲

16 🖉 60毫米

当日落蛾死掉后，其翅膀的颜色也仍然鲜亮。这一特性使之受到很多昆虫收藏者的追捧。

18 日落蛾（*Chrisiridia ripheus*）

日落蛾被誉为世界上最美的蝴蝶，它飞行在马达加斯加的热带雨林中——这个靠近非洲大陆的大岛上，盛产许多当地特有的动物。与许多其他种类的鳞翅目昆虫不同，日落蛾翅膀上的虹彩部分没有色素，这些色彩来自一种被称为"光的干涉"的物理现象，由鳞片上的微观结构产生，根据反射可见光的角度产生不同的色彩。所以这种"物理色"其实是由有机体产生的天然颜料。

体长：翅展 100 毫米　**原产地**：非洲

100 毫米

千色翅膀

蝴蝶属于鳞翅目昆虫，是已知的飞行昆虫中最庞大的种类，在世界范围内的分布超过 15 万种。所有的蝴蝶都会经历"变态"发育的过程，它们会先以毛毛虫的形态度过生命中的第一个阶段，以植物的叶片为食（但也有少许例外，存在肉食的毛毛虫），然后变成蛹，在其中发育为成虫并破蛹而出。有人说蝴蝶只能活一天，其实这并不是真的，大多数蝴蝶可以存活数周，有的甚至能生存 1 年。

19　200 毫米

20. 光明女神闪蝶
（ *Morpho didius* ）

这些美丽的蓝色蝴蝶在热带森林中飞行时，翅膀会呈现出绚丽的金属色光泽。光明女神闪蝶的翅膀和日落蛾一样，都是虹彩色的，还会随着观察角度的不同而发生色调变化。它们翅膀的颜色都不来源于颜料，而是归因于物理学上的微观结构。

体长：翅展 180 厘米　　**原产地**：南美洲

⭐ **记录！** 最令人惊奇的蝴蝶翅膀颜色——虹彩翅膀的光明女神闪蝶。

19. 红颈鸟翼凤蝶
（ *Trogonoptera brookiana* ）

从远处看红颈鸟翼凤蝶，会感觉它非常大，像一只鸟在热带森林的林间空地上飞来飞去，还会停在爬藤植物的花朵上吮吸花蜜。红颈鸟翼凤蝶的翅膀非常长，这样的大翅膀使它们可以飞到较远的地方，这种本领在蝴蝶中并不常见。雌性红颈鸟翼凤蝶经常会飞到森林的高处，在某些特定的藤本植物上产卵。

体长：翅展 200 毫米　　**原产地**：亚洲

蝴蝶翅膀上的"粉末"实际上是由微小的鳞片组成，它们像屋顶的瓦片一样相互倾斜叠压。这些鳞片构成了翅膀上美丽的花纹，同时也能帮助蝴蝶们应对棘手的蜘蛛网。当蜘蛛网上的黏性颗粒粘住翅膀时，鳞片便可以轻易脱落，使蝴蝶得以逃脱。

在夜空中交战

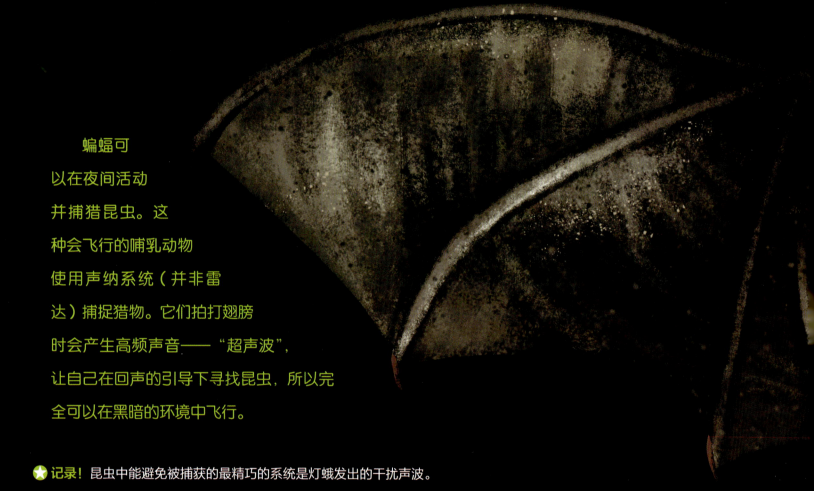

蝙蝠可以在夜间活动并捕猎昆虫。这种会飞行的哺乳动物使用声纳系统（并非雷达）捕捉猎物。它们拍打翅膀时会产生高频声音——"超声波"，让自己在回声的引导下寻找昆虫，所以完全可以在黑暗的环境中飞行。

⭐ 记录！昆虫中能避免被捕获的最精巧的系统是灯蛾发出的干扰声波。

这种原产自美洲的灯蛾发育出了专门对付蝙蝠的对策——当蝙蝠靠近时，虎蛾会发出一种干扰声波，这会使蝙蝠错误地判断距离，以便虎蛾能在最后时刻得以脱身。

对于仅靠声波狩猎的蝙蝠,警告色不起任何作用。

当蝙蝠靠近猎物时,会增加声波频率,从而使狩猎目标更加清晰。灯蛾的干扰器就会在此刻启动。

夜之女王

蝴蝶通常在白天飞行，而飞蛾则会在夜间活动，还会躲藏在植物下休息。然而，自然界经常会出现很多例外，有些飞蛾也拥有着艳丽的色彩。区分飞蛾和蝴蝶最简单的方法是看它们如何安放翅膀——蝴蝶停下时翅膀像折叠的纸一样并排摆放，而飞蛾则会将翅膀伸展在它们栖息物的表面上。

21. 乌桕大蚕蛾（*Attacus atlas*）

世界上最大的飞蛾之一——乌桕大蚕蛾有着精致又漂亮的大翅膀，能让人一眼就识别出来。尽管这种飞蛾的体形巨大，生命期却只有几天，仅够其交配繁殖。因此它没有口器，无法自行进食。

体长： 翅展 180 毫米　**原产地：** 亚洲

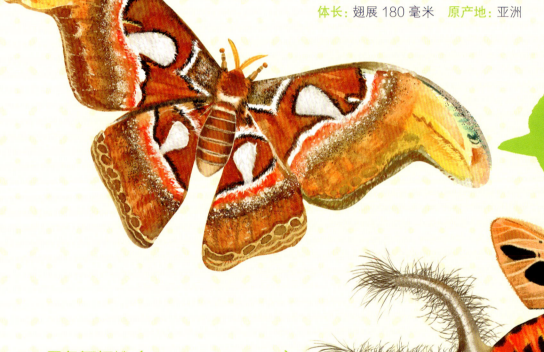

> 雄蛾的触角能在黑暗中感知到雌蛾传播的化学信号。

22. 黑条灰灯蛾（*Creatonotus gangis*）

这种飞蛾腹部的延伸结构令人难以置信，很像多毛的触手，它们的用处是帮助雄性蛾向雌性发送化学信号。静止时，"触手"会缩回腹部，当时机出现时，它们会将"触手"外翻并传播雄蛾的气味信号。

体长： 翅展 50 毫米　**原产地：** 亚洲

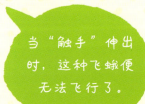

⭐ **记录！** 最不寻常的飞蛾。可以伸缩的腹部"触手"使黑条灰灯蛾成为世界上最奇怪的飞蛾。

> 当"触手"伸出时，这种飞蛾便无法飞行了。

> 赭带鬼脸天蛾可以在胸腔内压缩空气,利用和手风琴相似的系统产生强大的啸叫声。

23. 赭带鬼脸天蛾（*Acherontia atropos*）

赭带鬼脸天蛾是个技艺高超的"骗子",它们会潜入蜂巢内,并在身上涂抹上蜂蜜。这样它们便能模仿蜜蜂的气味,短暂地欺骗守卫蜜蜂了。这种飞蛾的名字来源于它身体中央骷髅状的图案。

体长：翅展 120 毫米　　**原产地**：欧洲和亚洲

★ 记录！吓人的昆虫——没有任何昆虫有比它更可怕的图案了,身体上竟然画着头骨。

毛毛虫的世界

毛毛虫是蝴蝶的幼虫，它这一生都在不断地进食，一直吃到它们开始"变态"的那一刻为止。许多植物都长着锯齿状的叶子，这是为了让毛毛虫难以下口。实际上，一条毛毛虫需要花费2倍的时间啃食锯齿状叶子的边缘，因为它需要不断地变化位置才能啃食到这样的叶片。对于许多食虫动物来说，没有什么虫子比毛毛虫更好吃了——它行动缓慢，多肉又多汁。但毛毛虫肯定不会坐以待毙，它们有许多令人惊叹的对抗方案。

> 有些毛毛虫身上长有棘刺，另一些则身披长毛，一旦长毛被吞食或刺入鼻子或眼睛里，就会让进食者感到非常难受。

24 40毫米

24. 刺蛾幼虫（*Pseudautomeris sp*）

短小紧实的形状和身上尖锐的毛刺可以帮助这种毛毛虫抵御其他动物的袭击。携带着"盔甲"的毛毛虫行动不便，但一旦停在寄主植物上，它便可以长时间进食，因此毛毛虫也不必一直移动。

体长：40毫米　**原产地**：南美洲

> 像所有的昆虫一样，毛毛虫也有6条腿，但它的身体后部有着形似腿的附属物，被称为伪足。伪足就是假腿，毛毛虫一般会利用伪足让自己附在树枝上。

25. 黑带二尾舟蛾（*Cerura virula*）

这种大型的肉毛虫是舟蛾的幼虫，白天它一般会隐藏在树皮中，把自己伪装成树干。当毛毛虫感到害怕时，腹部末端的两个角会伸出来，并释放出强大的酸性物质，以此来阻止食虫鸟的攻击。

体长：60毫米　**原产地**：欧洲

26. 松异带蛾（*Thaumetopoea pityocampa*）

这种毛毛虫平日里总是排着队移动，一个跟着一个，从一株植物移动到另一株上。松异带蛾以松树的松针为食——它们会严重危害松树的健康，并导致虫灾。在夏季末，毛毛虫会在松枝间编一个大大的丝巢，并住在里面以躲避冬季的寒风，然后在第二年春天变成灰色的飞蛾。

体长：50 毫米　　**原产地**：欧洲

毛毛虫的毛发密密麻麻的，容易惹人厌恶，它们会引起皮肤瘙痒等症状。

昆虫世界的直升机

在昆虫的世界中,蜻蜓是最令大家恐惧的空中掠食者,它们会捕捉飞行中的苍蝇和蚊子。而较小的蝴蝶和蜻蜓,也会出现在各种鸟类和蜘蛛的菜单上。

★ 记录！蜻蜓是世界上飞行速度最快的昆虫之一,速度超过每小时 50 千米。

像帝王伟蜓这样的大型蜻蜓会大量捕食苍蝇、小蝴蝶和小蜻蜓,并在飞行中直接将它们吞食。

捕捉时会用前足形成篮子状,以用来包裹猎物。

蜻蜓和豆娘

蜻蜓是夏天的象征。它们会快速地飞过水面,但不如蝴蝶的飞行姿态优美。蜻蜓的飞行能力强大,行为果断,可以以每小时 50 千米的速度飞行,这对于体长只有几厘米的昆虫来说是最快的飞行纪录了。不仅如此,它们还能悬停在空中,然后向各个方向移动,甚至还可以反向飞行,就像直升飞机一样。而一些和它大小相同的动物——蜂鸟或者蝴蝶,根本无法做出类似的事情。

27. 红蜻（*Crocothemis erythraea*）

它就像红色的箭一样飞过池塘和运河,经常会引起人们对它的好奇和关注。而人们的确很难忽略这种身着猩红色外衣,拥有强大飞行能力的昆虫。它主要以蚊子、苍蝇和小飞虫为食,平时在湖边飞来飞去。

体长：50 毫米　原产地：欧洲

豆娘以飞行的昆虫为食,它们捕食的猎物体积较小。

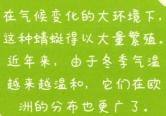

在气候变化的大环境下,这种蜻蜓得以大量繁殖。近年来,由于冬季气温越来越温和,它们在欧洲的分布也更广了。

28. 长叶异痣螅（*Ischnura elegans*）

在交配的那一刻，雌性长叶异痣螅被雄性腹部末端的一个"夹子"钩住脖子，彼此头部相连。这时雌性长叶异痣螅的腹部向前，与雄性的身体相匹配，形成著名的蜻蜓交配时"爱心"的形状。

体长：40毫米　　**原产地**：欧洲

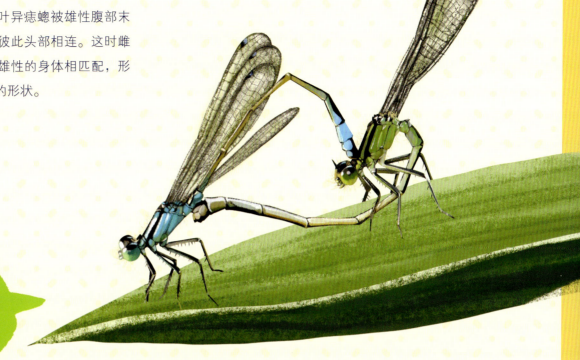

在保持这个姿势时，蜻蜓仍然可以飞行，但敏捷度会低很多。

29. 大痣螅（豆娘）（*Megaloprepus caerulatus*）

豆娘和蜻蜓的区别在于豆娘有着更苗条的身材和更优雅的飞行姿态。蜻蜓身形更大、身体更强壮，处于静止状态时还会将翅膀平展在身体的两侧；而豆娘在停栖时，会将翅膀合起来直立于背上，这有点像蝴蝶。蜻蜓和豆娘生命中的大部分时间都在操纵着两个翅膀交替扇动。

体长：150毫米　　**原产地**：南美洲

★ **记录！** 蜻蜓目中最大的物种。其可观的长度主要是由于拉长的腹部造成的。

蜻蜓的翅膀看似很脆弱，但实际上非常坚固。它们依靠半刚性网络构成几何形状，可以以最少的材料用量和最小的重量获得最大的效率。许多种类的蜻蜓每秒能扇动翅膀20次。

多样性之王

甲虫不仅是昆虫世界中最成功的物种之一，也是世界上物种数量最多的动物类群之一，大约有 35 万种，没人能确切说出精确的数量，因为每个月都有新发现的种类。而登记在册的动物中有 1/4 都是甲虫！所有的甲虫都是从卵中孵化出幼虫，经过蝴蝶一样的"变态"发育，才会变为我们熟知的鞘翅类昆虫。甲虫的形态各异，大小不一，生活方式也千奇百怪。

30. 白纹大王花金龟（*Goliathus orientalis*）

白纹大王花金龟是最大、最重和最壮观的甲虫之一，生活在非洲的森林中。它们因身体沉重飞行缓慢，飞几十米需要休息好几次。白纹大角金龟以成熟的果实和树液为食，雄性会防御对手和清理属地，然后等待着雌性的到来。

体长：110 毫米　**原产地**：非洲

⭐ **记录！** 最重的甲虫。大王花金龟属的甲虫体重可达 100 克，重量大概是一听可乐的 1/3。

30
110 毫米

32
30 毫米

这类甲虫的幼虫也很巨大，平时生活在大树的树干上。

虽然雌性长颈卷象的头部也很长，不过长度只有雄性长度的一半。

31. 长臂天牛（*Acrocinus longimanus*）

这种生活在亚马孙丛林中的天牛有着超长的前肢，当它的前肢完全打开后甚至可以环抱住一个餐盘。雄性的长臂天牛喜欢聚集在热带森林树木的大树枝上，它们面对着彼此，为了争夺雌性的青睐，还会试图用长腿将对手推倒。

体长：100 毫米　**原产地**：南美洲

尽管长臂天牛的体形较大，但它们仍然可以飞行，不过飞行水平并不出色。

32. 长颈卷象（*Trachelophorus giraffa*）

这种马达加斯加特产的象甲有着惊人的形态，并由此得名为"长颈卷象"。雄性的头比其他昆虫的头都长，它会不断摆动着头部以吸引雌性的注意。因为雌性青睐体形更大、头部更长的伴侣，所以雄性长颈卷象会非常卖力地摇头。

体长：30 毫米　**原产地**：非洲

⭐ **记录！** 长颈卷象的头是昆虫中头最长的。

宝石粗喙象细长的头部可以用来挖掘植物组织，它们会伸进植物的内部取食。

33 宝石粗喙象（*Eupholus magnificus*）

这种甲虫的美丽色彩源于物理性质，即由光的干涉现象产生，就像蝴蝶一样。不过这种漂亮色彩的产生机制目前还未被完全搞清楚。

体长：30 毫米　**原产地**：大洋洲

身穿盔甲的甲虫

甲虫一词源自希腊语中的 coleos（鞘）和 pteron（翼），意思是"翅膀上带盔甲"。甲虫的前翅膀经常会变为保护后翅膀和腹部的保护套。并非所有甲虫都能飞行，一些种类的甲虫会依靠重型的盔甲来保护自己。在最干旱的地方，这个盔甲还能帮助甲虫减少体内水分的蒸发，以便它们生存下去。

这种甲虫的幼虫要在树木的树干内生活数年，才会发育为成虫。

34. 泰坦天牛
（*Titanus giganteus*）

这种罕见的甲虫足有手掌般大小，生活在亚马孙大森林的中心。它们的触角很长，雄性的触角比雌性的更发达。这种甲虫对人类无害，以大树的汁液为食。但最好不要用手指去触碰它们强健的口器！

体长：180 毫米　原产地：南美洲

☆ 记录！泰坦天牛是世界上最大的昆虫之一。

35. 丽步甲（*Carabus splendens*）

在厉害的肉食性甲虫中，步甲占有一席之地，它们在全世界拥有几万个种类。并不是所有的步甲都能飞行，但它们大多拥有漂亮的外形和闪闪发光的颜色，这使它们备受昆虫收藏家的追捧。

体长：30毫米　**原产地**：欧洲

> 所有的步甲都可以依靠强健的上颚来捕获猎物。有些步甲形状特别，只能捕猎特定的猎物，例如蜗牛。

36. 铁甲（*Hispa sp.*）

几丁质构成的坚硬物质可以帮助昆虫躲避掠食者。谁愿意吃难以消化的食物呢？有这种保护的铁甲以植物为食，却无法飞行，因为它的鞘翅已经被封死了。

体长：8毫米　**原产地**：欧洲和亚洲

⭐ **记录！** 铁甲是世界上最多刺的昆虫之一，它的盔甲上几乎都是刺。

> 对于这种全副武装的甲虫来说，一些种类的蜘蛛仍然是危险的。这些蜘蛛的蜘蛛网会让甲虫的行动放缓，然后咬伤甲虫易受伤害的关节。

伪装技巧

不露面是躲避捕食者的最佳方式。为了达到目的，一些昆虫就会诉诸伪装，用这种特定的模仿方式与环境融为一体。仅模仿颜色是不够的，更重要的是还能模仿所在位置的图案，并使身体变平以减少阴影。最擅长伪装的昆虫和蜘蛛甚至还能模仿物体的形状属性，例如模仿石头、树枝和树叶等。

37. 南美棘树螽（Acanthodis aquilina）

南美棘树螽有着精致的迷彩图案，还能保持完全静止，这种热带的昆虫为了不被鸟类发现，演化出了这种保命的本领。这个物种的昆虫可以模仿树枝或树皮，甚至会精致到每个细节，这就增加了捕食者能识别出来的难度。

体长：60 毫米　**原产地**：南美洲

38. 逍遥蛛（Philodromidae）

像逍遥蛛一样有着透明或半透明的身体，是不被发现的最好方法之一。但这种"技巧"仅适用于身体构造简单且瘦弱的动物。而身体内部的一些器官——眼睛或腹部的消化系统，是无法完全透光的。

体长：10 毫米　**原产地**：非洲

走路的叶子

在森林里，没什么比绿叶更常见了。生活在这种环境中的小动物对这些自然元素的模仿已经是一种非常普遍的事情了，会模仿的动物有蟋蟀、螳螂、竹节虫以及会模仿绿叶的蟾等，还有些动物专门模仿干枯的叶子。

> 这种昆虫会用长长的触角来"嗅"周围的植物，不怎么移动，因为经常移动的话会暴露自己的位置。

> 这些小虫还会模仿植物的荆棘，构建出更高的拟态水平。

39. 彩翅螽（*Typophyllum sp.*）

彩翅螽喜欢藏在热带森林中的灌木丛中或是很高的树上。它们可以用翅膀短暂地滑行，和其他螽斯一样，也无法飞翔。它们更擅长跳跃，因为会伪装，所以没有太高的敏捷性。

体长：80 毫米　**原产地**：南美洲

40. 南美叶翅螽（*Mimetica sp.*）

一些热带螽斯降低了它们跳跃和飞行的能力，以便能更好地模仿叶子。它们翅膀上的每个细节都与树叶相似，以至于即使距离很近也很难将其与真实的树叶区分开来。它们的腿也非常扁平，以便能"消失"在环境中。

体长：50毫米　原产地：南美洲

> 南美叶翅螽一般会藏在垂死的植被中，但它晚上主要以沽着的植物为食。

41. 角蝉（*Stictocephala taurina*）

出色的拟态昆虫除了螳螂，还有角蝉。它们的体形较小，会伪装成芽或被损坏的小叶子。它们一直生活在植物上，用尖锐的口器去吸取植物汁液。

体长：10毫米　原产地：北美洲

叶䗛的卵在各方面都和有毒的植物种子很相似,因此会被其他动物丢弃。

42 叶䗛（*Phyllium coelebicum*）

叶片的每个细节都被这种竹节虫复制到身体上了——不仅仅是叶片的形状和颜色，还有叶脉和叶边缘的小瑕疵。这些昆虫生活在热带森林的植被中，经常在夜间活动，以避免和大多数掠食者碰面。

体长：100 毫米　**原产地**：亚洲

⭐ 记录！植物的最佳模仿者。在模仿一片叶子的能力上，没有任何昆虫能比得上叶䗛。

100 毫米

伪装成树枝或树皮

树木和树枝是昆虫极好的避难所,但要真的想不为人所见,昆虫就必须变化自己的身体。许多躲藏在树木中的拟态昆虫身体又细又长,这样纤细的结构令它们变得非常脆弱。只能靠保持静止的方式避免被天敌发现。

移动时,这种螳螂会略微摆动起来,就像树枝被风吹动一样。

43. 东非异鬃螳(*Heterochaeta orientalis*)

模仿树枝的螳螂有好几种,但没有任何一种能比东非异鬃螳更出色的了,它苗条的身材和不规则的腹部精确地模仿了树皮的形态。有时候,为了使自己的轮廓难以被识别出,它的腿还会以"耶稣受难像"的姿态伸展开。就连它眼睛的形状也会让人联想到荆棘,而它的触角也是又短又细。

体长:150 毫米　原产地:非洲

44. 妖面蛛（*Deinopis sp.*）

　　白天不进行捕猎时，妖面蛛为了节省材料会吃蜘蛛网，并且会让身体放松下来，然后脚并拢伸直，装成一块木头的样子。这样做可以让它们隐藏在森林中杂乱的植物中间。为了演得更逼真，它们就算被触碰到，也会依然保持不动。

体长：30 毫米　　**原产地**：非洲、亚洲和南美洲

行动中妖面蛛的样子和蛛网上的样子完全不同，请参阅第 59 页

45. 斑翅巨蜥（*Phasma gigas*）

　　这种昆虫形似树枝，所以即使体形巨大，也不易被发现。为了保持伪装，一天的大部分时间内斑翅巨蜥都会保持静止。只有到了晚上，当被发现的风险降低时，它们才会在几个小时内从容地吃起树叶。

体长：350 毫米　　**原产地**：亚洲

⭐ **记录！** 最长的昆虫。350 毫米的体长使这种竹节虫成为世界上最长的昆虫。

图中竹节虫的彩色翅膀可以突然张开，以吓唬捕猎者。不过这完全是虚张声势，因为它是无害的。

假装与众不同

我们知道很多动物都会设法装成树叶、树枝或树皮。但是有时候它们也会复制一些令其他昆虫感兴趣的天然元素,以吸引这些昆虫的靠近,然后再反过来吞噬这些受骗者。这是模仿的一种特殊形式,被定义为"进攻性拟态"。

46. 冕花螳（*Hymenopus coronatus*）

世界上最引人注目的伪装之一是田野里的冕花螳,它身体的每个部分都精准地模拟了花朵的细节,比如它的腿部是类似花瓣的样子,头部很像花朵的生殖系统。这些螳螂不会常常躲在花序中,而会经常趴在植物表面,以吸引苍蝇和蝴蝶,然后将其捕获。

体长：60 毫米　原产地：亚洲

✪ 记录！最佳花朵模仿者。冕花螳重现了一朵花每一个迷人的细节。

刚出生的冕花螳会模仿有毒的橙色或黑色臭虫,以避免食肉动物的侵袭。

> 最近有研究发现，诈瘤蟹蛛还会释放出类似于真实粪便的化学物质，这可以更好地吸引猎物。

47

15 毫米

47. 诈瘤蟹蛛（*Phrynarachne decipiens*）

有时候，伪装艺术会以非常不寻常的方式展现出来，那些进化成鸟屎状的动物便是其中一例。在各种瘤蟹蛛中，繁殖能力最强的，莫过于图中这种有着白色和棕色图案、身材紧凑的诈瘤蟹蛛了。它会在树叶上用蜘蛛网和它的猎物造成类似于粪便状的不规则斑点，使这种欺骗更加有效。

体长：15 毫米　　**原产地**：亚洲

为了生存而吸引目光

许多蜘蛛和昆虫会使用多彩的体色来警告天敌。一些在亚马孙丛林中生活的动物，还配备了强大的毒液和自身毒性。

多彩的棘腹蛛会在森林的背景中织满网。它身上的浅黄色、黑色、黑红色传递出它们带毒以及还有锋利棘刺的信息，这可以警告其他动物最好不要品尝它们。

像灯蛾这样的飞蛾会设法从它们毛毛虫阶段时进食的植物中获取毒素。一些成年飞蛾也是带毒的，它们的颜色会十分鲜亮。

大蕈甲奇怪的锯齿状图案代表它们从森林的蘑菇处获得了毒素。

被模仿者和模仿者

一些无害的昆虫会试图模仿危险的动物,以误导它们的天敌。在某些情况下,这种模仿几乎是完美的,而有时候仅仅只会模仿到大致相似,但已经足够让天敌犹豫片刻,以获得时间逃脱。为了达到保卫自己的效果,模仿者必须模仿自然界中大量存在且易于辨识的危险动物。

48. 欧洲胡蜂（*Vespa crabro*）

胡蜂是蜜蜂的近亲,是欧洲最让人害怕的昆虫之一,被它刺伤后会让人感到十分痛苦。大黄蜂一般群居而生,其蜂巢一般会很靠近人类的房屋。因此,它们是经常被别的昆虫模仿的对象。

体长:30 毫米　原产地:欧洲

> 除了可怕的毒刺,大黄蜂还有强健的下颚。

49. 杨干透翅蛾（*Sesia apiformis*）

这种蛾子可以惟妙惟肖地模仿胡蜂,无论是飞行方式还是发出的噪声,都和胡蜂十分相似。这种昆虫一般以花朵的花蜜为食,完全无害,但它的外形会令天敌误认为它是危险的胡蜂。

体长:30 毫米　原产地:欧洲

> 为了达到更充分的模仿效果,这种蛾子每天都会像大黄蜂一样飞来飞去。

很多有毒的蝴蝶飞行速度都很慢，这样做可以防止被天敌认出。

50. 红裙晓绡蝶
（*Tithorea harmonia*）

在南美洲生活的蝴蝶中，被模仿者和模仿者之间的链条十分复杂。超过100种蝴蝶长有这种底色为黄橙色，上面还有黑条纹的翅膀。在这些蝴蝶中，红裙晓绡蝶属的蝴蝶体内都有毛毛虫时期摄取的植物化学物质，这是为了抵御天敌的侵害。

体长：翅展60毫米　**原产地**：南美洲

51. 袖蛱蝶（*Eresia eunice*）

一些种类的蝴蝶会模仿带毒蝴蝶的形态，不过有时候模仿得并非完全一样。很多模仿者和被模仿者都生活在相同的区域，有着相同的习惯，这会使食虫鸟难以分辨。有过不愉快经历的食虫鸟会避免接触所有颜色类似的蝴蝶。

体长：翅展60毫米　**原产地**：南美洲

模仿者蝴蝶和被模仿的蝴蝶种类之间没有密切关系。

危险的颜色

带毒液或毒肉的昆虫和蜘蛛通常都会以相似的配色方案出现,这样一来捕食者通过识别少量的图案就可以避免捕食有毒的动物。这些颜色组合在多个物种的身上得以体现,带毒动物的颜色一般会呈现出高对比度:红色与黑色、黄色与黑色、黑白色等。因此,许多有毒昆虫和蜘蛛的模仿者往往也会具有相似的颜色!

> 胡蜂有许多不同的种类,但其中的大多数都会使用特征性的黄色和黑色体色。

52. 普通黄胡蜂(*Vespula vulgaris*)

黄胡蜂的身体表面一般带有特征性的黄色和黑色,被所有的动物所熟知。它们的体色会令捕食者立刻联想到锋利且会令人痛苦的毒刺。为此,它们是被模仿得最多的昆虫之一。

体长:10 毫米　**原产地**:欧洲

53. 横纹金蛛(*Argiope bruennichi*)

横纹金蛛又名黄蜂蜘蛛,因为其体色几乎和黄蜂一模一样。横纹金蛛是欧洲体形最大、数量最多的蜘蛛之一。它虽然身体带毒,但毒性不强,这种蜘蛛几乎没有攻击性,其黄色和黑色的体色主要用于防止被天敌袭击。

体长:20 毫米　**原产地**:欧洲

> 这些蜘蛛会在圆形的蜘蛛网上进行捕食,因此非常容易受到攻击。

54. 红背寇蛛（*Latrodectus hasselti*）

寇蛛属是带有剧毒的蜘蛛之一。世界各地有几个它们的分支类别，但大多数种类都有着黑色身体，中央带着红色图案，非常容易辨识。它们喜欢在地面上编织蜘蛛网，即使在干旱地区，它们也以昆虫为食，尤其爱吃甲虫。

体长：20毫米　**原产地**：大洋洲

> 本书中介绍的所有寇蛛属蜘蛛都是黑色和红色的。

54 20毫米

55 12毫米

> 许多热带蝽有类似的体色。

55. 意大利赤条蝽（*Graphosoma italicum*）

这种蝽很容易被辨识出来，它们的肉质带毒，因此被大多数捕猎者放弃。为了广而告之自身的毒性，它们的身体表面一般为垂直的红色和黑色条纹，许多昆虫和蜘蛛也纷纷模仿它的外形。意大利椿象以植物的汁液为食，它们爱吃的食物是许多食草动物所不喜欢的。

体长：12毫米　**原产地**：欧洲

眼朝敌人

如果隐藏自己或快速逃脱的预防措施都不见效,许多昆虫会使用第二道防线——"威胁法"。当昆虫突然露出色彩鲜艳的假眼,就会令捕食者联想到鹰、猫头鹰或食肉哺乳动物这样的大型掠食者。

拟蛇长喙天蛾能假装成蛇头,这要归功于身体两侧的假眼和摆出的威胁性姿态。

模仿蚂蚁

蚂蚁是世界上数量最多的昆虫,它们一般会带有毒刺,身上还有难闻的味道。这就是为什么它们不经常出现在食虫动物的菜单上,只有少量的动物会吃蚂蚁,比如爬行动物、食蚁兽和一些啄木鸟。因此,"装扮成一只蚂蚁"也是一个避免被吃掉的好方法。许多小昆虫和蜘蛛都会采用这种方法,尤其是在蚂蚁分布极广的热带地区。

这是被蜘蛛模仿的拟家蚁。

蜘蛛还是蚂蚁?

蚁蛛是模仿蚂蚁的大师,它们能精准地复制蚂蚁身体的每个细节。它们的第一对腿可以朝前,这可以用来模仿蚂蚁的触角。在包含超过 100 个种类的蚁蛛属中,这些蚁蛛各个都是优秀的蚂蚁模仿者,有时候它们会数十只聚集在一起,以加强欺骗效果。

这是模仿者——蚁蛛。

这是被模仿者——毛蚁。

蝽还是蚂蚁？

还有一些会模仿蚂蚁的昆虫。其中的翘楚当数蝽，例如蛛缘蝽科。而一些热带螳螂的幼体或一些苍蝇也是不错的模仿者。后者的模仿更加拙劣，但对于迷惑掠食者来说也足够了。

这是模仿者——蛛缘蝽。

应急预案

要想使防御系统发挥有效作用,并非总要使之具有致命性,只要它足以惊吓威慑到捕食者就足够了。昆虫可以利用捕食者犹豫的一刹那快速逃脱。在昆虫和蜘蛛的世界中,还有着最奇特的反捕食者系统。

> 泡沫效果明显,它会产生一种令人生厌的味道,还能破坏和掩盖蝗虫的体味。

56. 象白蚁属(*Nasutitermes sp.*)

白蚁是社交昆虫,由工蚁负责蚁巢的防御工作。虽然它们的头部有硬甲和大颚,但它们还是会采用更原始的方式进行防御——细长的头部顶端有一门可以发射黏性物质的"大炮",以激怒捕食者。这种特殊武器主要用于蚂蚁的身上,它们是白蚁的敌人。

体长:5毫米　**原产地**:亚洲、非洲和南美洲

> 象白蚁发射的泡沫"大炮"射程不会超过3厘米,但足以驱逐小昆虫了。

57. 黄星蝗(*Aularches miliaris*)

这种蝗虫的胸部腺体内含有毒物质,一旦遇到威胁,在不到10秒的时间内,它们就会产生清晰可见的黄色有毒泡沫。这对于驱逐鸟类、蜘蛛类的各种捕食者很有效。

体长:60毫米　**原产地**:亚洲

58. 气步甲（*Brachinus crepitans*）

在所有的昆虫中，这种甲虫的防御系统最有效。它虽然无法飞行，但它的鞘翅（保护腹部的硬质）内隐藏了能产生两种不同化学物质的腺体。当气步甲受到威胁时，两个单独的腔室内会释放出两种化学物，能引起腹部爆炸性的化学反应，伤害和烧伤捕食者。

体长：15毫米　**原产地**：欧洲

✪ **记录！** 气步甲有着最巧妙的防御系统，能防止"意外爆炸"。

> 气步甲制造的小型爆炸可以听见爆炸声和产生100℃的气体云，这对蚂蚁等小型攻击者来说是致命的。

> 腹部门的样子很奇特，由甲壳素构成，甲壳素是蜘蛛外骨骼的刚性物质。

59. 盘腹蛛（*Cyclocosmia sp.*）

许多蜘蛛在挖掘隧道时都会用泥土和蛛丝做活板门（参见第66页）。然而，这个物种的做法最为奇异——它的腹部能成为一个真正的门，在需要的时候可以关闭隧道的进出口。这个巧妙的系统，能抵御像蜈蚣这样的捕食者。

体长：30毫米　**原产地**：北美洲

昆虫有什么用

昆虫是无处不在的,不幸的是,近年来昆虫的数量正在直线下降,特别是在较发达的国家。集约化农业和城市的扩张,破坏了昆虫的栖息地,而现代杀虫剂的广泛使用,也导致了昆虫的死亡。尽管如此,它们的数量仍然相当可观——地球上每个人可以对应大约 150 千克的昆虫。

直升机经常会用于播洒一些能杀死害虫的化学物质,但同时也会误杀很多对人类有益的物种。

蝴蝶和蜜蜂一样,也是授粉媒介,可以帮助促进开花植物的繁殖。

益虫和害虫

从人类的观点出发，有的昆虫被视为益虫，而有的被视为害虫。害虫会吃人类的粮食，还会传播严重的疾病。在我们与害虫战斗的战役中，最佳盟友通常是其他昆虫，即害虫的天敌或寄生虫。

2 8毫米

益虫。

没有针对疟疾的疫苗，只有能够提供部分保护的预防措施。

不幸的是，在过去20年里，蜜蜂的数量正在大大减少。一方面由于农业的单一栽培方式，不利于这些昆虫找到足够的食物；另一方面杀虫剂削弱了它们，并让它们暴露于疾病和寄生虫的危害中。

益虫。

1 8毫米

1. 西方蜜蜂（*Apis mellifera*）

蜜蜂不仅可以为养蜂人和人类提供蜂蜜，还促成了许多植物的授粉。它们在花间飞来飞去寻找着花蜜和花粉，还会帮助农民种植庄稼。在一些蜜蜂几乎消失了的地方，这些授粉工作就只能靠手持微小工具的农民来进行手工操作了。

体长：8毫米　**原产地**：世界各地

2. 疟蚊（Anopheles sp.）

这种蚊子在热带国家比较常见，是一种携带唾液腺微生物的疟原虫。当疟蚊叮咬人类时，会把寄生虫传播到人的体内，引起会令人十分痛苦的疟疾，这种疾病会让人高热发冷。虽然疟疾可以被治愈，但仍被人们视为危险的疾病，在非洲某些地区，疟疾的传播可以引起一场灾难。

体长：8毫米　**原产地**：世界各地

★ **记录！** 最有害的昆虫。每年有约40万人死于疟疾，大部分都在非洲。

3. 马铃薯叶甲（Leptinotarsa decemlineata）

这种来自墨西哥的甲虫在20世纪中叶抵达欧洲，并在整个温带地区繁殖开来。它对庄稼特别有害，它的幼虫会攻击马铃薯和茄子，而这是人类种植用来食用的植物。如果马铃薯甲虫数量增多，就会造成巨大的经济损失。不采取措施的话，一对马铃薯甲虫一年可以繁殖数百万只后代。

体长：12毫米　**原产地**：北美洲、欧洲和亚洲

益虫。

人们通常会用杀虫剂杀灭科马铃薯叶甲，但同时也会对别的生物造成伤害。如果甲虫侵扰过于严重，那自然界中天敌的数量就不够了。

4. 七星瓢虫（Coccinella septempunctata）

色彩鲜艳的七星瓢虫无论在幼虫期还是成虫期，都是蚜虫的天敌。它们在植被中寻找着蚜虫，一旦被它们发现蚜虫的聚集地，七星瓢虫就会立刻掀起狂吃风暴。只要不被保护蚜虫的蚂蚁阻挡，瓢虫一天可以消灭数十只蚜虫（参见第83页）。

体长：8毫米　**原产地**：欧洲

七星瓢虫对人类非常有益，以至于有些公司将它们作为"生物控制"产品出售以对抗蚜虫。

益虫。

入侵昆虫

当一种生物体被人类从起源地转移到一个全新的地点或环境中时，它会不受控制地扩张。由于体积小，昆虫经常会被动地从一个大陆"转移"到另一个大陆。有时候，这些外来物种的入侵会成为当地人类和其他生物的麻烦。

5. 星天牛（*Anoplophora chinensis*）

这种来自亚洲的天牛又大又醒目。它们被引入欧洲和北美洲，经常将卵产在大型的树木上，例如山毛榉和枫树，这对于城市花园和公园影响很大。幼虫会在树干中挖洞，致使树木被感染。尽管短期内的破坏不是灾难性的，但树木会因此变得易受小虫和疾病的侵害。

体长： 40 毫米　**原产地：** 亚洲，被引入欧洲和北美洲

一旦火红蚁在一个地方定居下来，就很难被消灭掉。这些蚂蚁在北美洲没有多少天敌。

胡蜂会选择性地攻击星天牛的幼虫。

6. 火红蚁（*Solenopsis invicta*）

尽管它们的外表看起来微不足道，但这些红色蚂蚁在北美洲确实是令人讨厌的生物，它们被错误地引入了美国。火红蚁在北美洲建立了许多巢穴，城市、乡村和花园中都有它们的身影，而且它们还驱逐了许多其他种类的蚂蚁。顾名思义，火红蚁有能让人感到火烧般刺痛的针刺，这会破坏人类的许多野餐和户外活动。

体长： 5 毫米　**原产地：** 南美洲，被引入北美洲

7. 棕榈象（*Rhynchophorus ferrugineus*）

在南欧，许多城市的大型观赏棕榈树都受到一种亚洲甲虫——棕榈象的威胁。它的幼虫在树干中能生活4~8个月，还会导致叶子突然掉下，无法恢复。因此在棕榈树出现严重的症状前，很难快速识别患病的树。

体长：20毫米　**原产地**：亚洲，被引入欧洲

> 人们经常会使用化学陷阱来诱杀这些昆虫，这能吸引昆虫出现并在其产卵前消灭它。

8. 白纹伊蚊（*Aedes albopictus*）

在20世纪90年代，亚洲的轮胎贸易使白纹伊蚊来到了许多国家，放置在户外轮胎中的少许积水就能使其幼虫发育。白纹伊蚊在白天也很活跃，尤其是在傍晚。由于它的幼虫发育很快，所以即使在相对干燥的地方也能完成其生命周期。

体长：8毫米　**原产地**：亚洲，向世界各地散播

> 最有效的反制措施是使用细菌侵袭其幼虫，进行生物防御。

昆虫学家

昆虫种类繁多,研究它们的过程非常复杂,具有特定背景。专门研究昆虫的科学家被称为昆虫学家。大多数情况下,他们会专门针对单个类群(蝴蝶、螳螂或某个甲虫家族)进行研究,专注于研究昆虫的行为、昆虫与动植物的关系以及新物种的命名描述等。每年他们都会命名并描述成千上万的新近发现的昆虫物种,这些昆虫以前都是未知的!

头戴式手电筒

许多昆虫会在夜间活动,一个戴在头上的手电筒方便照亮地面和植物,也能解放双手。

放大镜

一个10倍的放大镜可以使昆虫学家们看到被抓捕昆虫的身体细节。

在户外

罐子

昆虫经常被放置在小罐子里,方便带回实验室。

参考书籍

可以鉴定各种物种的书籍是必不可少的,人们很难记住所有的知识,在野外遇见从未见过的物种时可以随时查阅资料。

吸虫管

用它来"吸住"地面的小昆虫,就像用吸管吸东西一样。透过两个软管中间的透明试管能看清被抓住的小动物,这也避免了直接将昆虫吸入嘴里!

捕虫网

要想抓住蝴蝶和蜻蜓这种柔软的昆虫,就需要使用虫网。它坚固且细腻的材质不会损坏最精致的昆虫翅膀,例如蝴蝶。捕虫网也有些不同形状和框架坚固的网,用于捕捉修剪植被时掉落的昆虫。

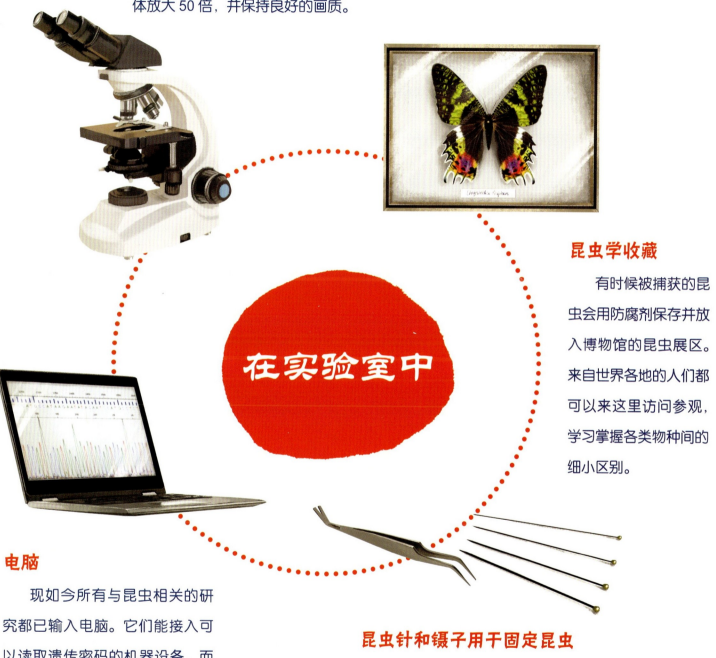

在实验室中

显微镜

有些昆虫很小，需要使用双目显微镜来进行详细观察，双眼一起观察会更方便，眼睛也不容易疲劳。显微镜可以把物体放大 50 倍，并保持良好的画质。

昆虫学收藏

有时候被捕获的昆虫会用防腐剂保存并放入博物馆的昆虫展区。来自世界各地的人们都可以来这里访问参观，学习掌握各类物种间的细小区别。

电脑

现如今所有与昆虫相关的研究都已输入电脑。它们能接入可以读取遗传密码的机器设备，而且电脑还能对不同物种之间的关系进行比较。

昆虫针和镊子用于固定昆虫

要把死去的昆虫制作成标本，昆虫的足和翅膀都要张开，这就需要用特殊的昆虫针将其固定好。如果能妥善保存，昆虫标本可以数十年不变。

作者简介

[意] 弗朗切斯科·托马西内利

1971年生于意大利热那亚,从小就对不寻常的动物们感到着迷:从3岁起开始喜欢恐龙,至今仍执着于此。海洋环境科学专业毕业,曾在意大利和美国的大型水族馆工作,后来就开始致力于科普出版、科学传播和为专业企业提供生态咨询。曾作为摄影记者与意大利和美国的科学出版社以及旅游杂志合作。参与了《我要住在城市》丛书的创作,是意大利Rai3电视频道的特约嘉宾。在意大利的博物馆内策划了多个科学展览,包括"掠食者的缩影""勇士工厂""天敌和克里普托斯""自然界中的模仿和欺骗"等。

绘者简介

[越] 尤缅奥卡奥利

越南艺术家、插画家和设计师,毕业于胡志明建筑大学,在多个国家的重要杂志上发表过作品。她擅长将自然在书籍中重现。

版权登记号:01-2020-6862

图书在版编目(CIP)数据

昆虫王国/(意)弗朗切斯科·托马西内利著;(越)尤缅奥卡奥利绘;申倩译. -- 北京:现代出版社,2021.3
(自然秘境大图鉴)
ISBN 978-7-5143-8941-8

Ⅰ.①昆… Ⅱ.①弗… ②尤… ③申… Ⅲ.①昆虫—儿童读物 Ⅳ.①Q96-49

中国版本图书馆CIP数据核字(2020)第235783号

Original title: Insetti del mondo
Text: FRANCESCO TOMASINELLI
Illustrator: YUMENOKAORI
© Copyright 2019 Snake SA, Switzerland—World Rights
Published by Snake SA, Switzerland with the brand NuiNui
© Copyright of this edition: Modern Press Co., Ltd.
本书中文简体版专有出版权经由中华版权代理总公司授予现代出版社有限公司

自然秘境大图鉴:昆虫王国

作 者	[意] 弗朗切斯科·托马西内利	网 址	www.1980xd.com
绘 者	[越] 尤缅奥卡奥利	电子邮箱	xiandai@vip.sina.com
译 者	申 倩	印 刷	北京瑞禾彩色印刷有限公司
责任编辑	崔雨薇	开 本	710mm×1000mm 1/8
封面设计	刘 璐	字 数	160千字
出版发行	现代出版社	印 张	19
通信地址	北京市安定门外安华里504号	版 次	2021年3月第1版 2021年3月第1次印刷
邮政编码	100011	书 号	ISBN 978-7-5143-8941-8
电 话	010-64267325 64245264(传真)	定 价	108.00元

版权所有,翻印必究;未经许可,不得转载